Esercizi di Termodinamica Applicata

Romano Borchiellini · Giulia Grisolia ·
Umberto Lucia

Esercizi di Termodinamica Applicata

 Springer

Romano Borchiellini
DENERG
Politecnico di Torino
Turin, Italy

Giulia Grisolia
DENERG
Politecnico di Torino
Turin, Italy

Umberto Lucia
DENERG
Politecnico di Torino
Turin, Italy

ISBN 978-88-470-4015-1   ISBN 978-88-470-4016-8   (eBook)
https://doi.org/10.1007/978-88-470-4016-8

This Springer imprint is published by the registered company Springer-Verlag Italia S.r.l. part of Springer Nature.
The registered company address is: Via Decembrio 28, 20137 Milano, Italy

a Michele

Prefazione

Nella mia ormai trentennale esperienza di insegnamento di Termodinamica Applicata nei corsi di Ingegneria, più volte mi sono interrogato sull'opportunità di scrivere un testo che proponesse alle studentesse e agli studenti una raccolta di esercizi, con l'obiettivo di essere di aiuto alla preparazione per le prove di esame.

Sono molto grato, quindi, ai colleghi, coautori di questo volume, che mi hanno proposto di collaborare a un progetto che ritengo non sia solo una raccolta di esercizi, ma anche un tentativo di aiutare lo studente a costruirsi un metodo di approccio alla soluzione degli esercizi stessi.

A questo fine sono stati introdotti forti richiami alla teoria per evidenziare che lo studio di quest'ultima e la soluzione degli esercizi non sono due momenti separati, ma fortemente connessi; inoltre, si è cercato di evidenziare come il primo passo, per una corretta impostazione della soluzione, sia cercare una rappresentazione schematica, se possibile, della situazione descritta nel testo dell'esercizio.

Per molti anni il Prof. Michele Calì ed io abbiamo avuto la responsabilità dell'insegnamento della Termodinamica Applicata in corsi paralleli; con lui ho condiviso l'impostazione e la struttura del corso e il materiale utilizzato in aula che ovviamente rispecchia i contenuti del testo M. Calì e P. Gregorio *Termodinamica* (Esculapio, Bologna, 1996).

Nel testo la notazione utilizzata ed i richiami di teoria sono quindi coerenti con quanto proposto nel corso e con l'ordine di presentazione degli argomenti nello stesso. Si inizia con alcuni esercizi per aiutare lo studente a familiarizzare con le equazioni di stato ed i concetti di calore e lavoro; si prosegue con esercizi dedicati all'applicazione dei *principi fondamentali* della Termodinamica per passare poi all'*esame di situazione più vicine alle applicazioni reali* come le macchine motrici e operatrici ed il condizionamento dell'aria.

Torino, 23 febbraio 2022   *Romano Borchiellini*

Indice

Elenco dei simboli

Lettere latine

A	Sezione	m^2
C	Capacità termica	$\mathrm{J\,K^{-1}}$
c	Calore specifico	$\mathrm{J\,kg^{-1}\,K^{-1}}$
c_p	Calore specifico a pressione costante	$\mathrm{J\,kg^{-1}\,K^{-1}}$
c_v	Calore specifico a volume costante	$\mathrm{J\,kg^{-1}\,K^{-1}}$
E	Energia	J
e	Energia specifica	$\mathrm{J\,kg^{-1}}$
F	Forza	N
G	Portata massica	$\mathrm{kg\,s^{-1}}$
g	Accelerazione di gravità	$\mathrm{m\,s^{-2}}$
G_v	Portata volumica	$\mathrm{m^3\,s^{-1}}$
H	Entalpia	J
h	Entalpia specifica	$\mathrm{J\,kg^{-1}}$
L	Lavoro	J
l	Lavoro specifico	$\mathrm{J\,kg^{-1}}$
$\tilde{L}$	Lavoro infinitesimo	J
$\tilde{l}$	Lavoro infinitesimo specifico	$\mathrm{J\,kg^{-1}}$
m	Massa	kg
$\mathcal{M}$	Massa molare	$\mathrm{kg\,mol^{-1}}$
n	Numero di moli	mol
$\hat{\mathbf{n}}$	Versore normale alla superficie	
p	Pressione	Pa
$\mathbf{P}$	Processo	
Q	Calore	J
q	Calore per unità di massa	$\mathrm{J\,kg^{-1}}$
$\tilde{Q}$	Calore infinitesimo	J
$\tilde{q}$	Calore infinitesimo per unità di massa	$\mathrm{J\,kg^{-1}}$
R	Costante universale dei gas	$\mathrm{J\,mol^{-1}\,K^{-1}}$
r	Calore latente	$\mathrm{J\,kg^{-1}}$
R^*	Costante elastica del gas	$\mathrm{J\,kg^{-1}\,K^{-1}}$

S	Entropia	$\mathrm{J\,K^{-1}}$
s	Entropia specifica	$\mathrm{J\,kg^{-1}\,K^{-1}}$
S_{irr}	Generazione di entropia dovuta alle irreversibilità	$\mathrm{J\,K^{-1}}$
T	Temperatura	K
t	Tempo	s
t	Temperatura	°C
U	Energia interna	J
u	Energia interna specifica	$\mathrm{J\,kg^{-1}}$
V	Volume	$\mathrm{m^3}$
v	Volume specifico	$\mathrm{m^3\,kg^{-1}}$
W	Potenza	W
w	Velocità	$\mathrm{m\,s^{-1}}$
$\mathbf{w}$	Vettore velocità	$\mathrm{m\,s^{-1}}$
x	Titolo	
y	Frazione molare	$-$

Lettere greche

β	Coefficiente di dilatazione cubica	$\mathrm{K^{-1}}$
δ	Rapporto di introduzione	$-$
Δ	Variazione	
Φ	Potenza termica	W
η	Rendimento	$-$
κ_T	Coefficiente di compressibilità isoterma	$\mathrm{Pa^{-1}}$
Λ_p	Calore latente rispetto alla pressione	$\mathrm{m^3}$
λ_p	Calore latente specifico rispetto alla pressione	$\mathrm{m^3\,kg^{-1}}$
Λ_v	Calore latente rispetto al volume	$\mathrm{J\,m^{-3}}$
λ_v	Calore latente specifico rispetto al volume specifico	$\mathrm{J\,m^{-3}}$
ρ	Densità	$\mathrm{kg\,m^{-3}}$
ρ	Rapporto volumetrico di compressione	$-$
Σ_{irr}	Flusso di entropia dovuta alle irreversibilità	$\mathrm{W\,K^{-1}}$
χ	Frazione in massa	$-$

Apici

d	A distanza
γ	Esponente adiabatica
lin	Lineare
n	Netto
n	Esponente politropica
s	Di superficie

Indici

ae	Attrito esterno
ai	Attrito interno
att	Dovuto all'attrito
c	Componente cinetica
e	Esterno, Espansione
es	Dall'esterno sul sistema

i	Interno
id	Ideale
irr	Irreversibile/dovuto alle irreversibilità
is	Isoentropico
p	Componente potenziale
r	Reale
se	Dal sistema sull'esterno
sp	Di spostamento
t	Tecnico/a
$1+x$	Riferito alla massa di aria secca

1

Equazioni di stato. Calore e lavoro.

Considerazione preliminare

Prima di addentrarsi nella risoluzione degli esercizi, si ritiene necessario richiamare brevemente alcune definizioni e taluni concetti fondamentali, la cui trattazione esaustiva deve essere approfondita sia nel materiale fornito nel Corso, sia nei libri di testo consigliati nella descrizione dello stesso. In particolare, la notazione adottata e quanto di seguito riportato, fanno riferimento ai testi [1, 2] ed alle dispense [3]. Si presuppone, quindi, che il Lettore abbia già affrontato autonomamente lo studio dei diversi argomenti che, di seguito, saranno solo riassunti brevemente a scopo puramente ricapitolativo. Pertanto, quanto riportato per ogni Capitolo dell'eserciziario, non rappresenta un bagaglio sufficiente per la comprensione degli argomenti trattati, in quanto verranno riportate unicamente alcune definizioni e formulazioni, senza i necessari approfondimenti.

Si rimanda, pertanto, ai testi richiamati in Bibliografia per una più approfondita formazione culturale relativa alla parte teorica della disciplina.

I concetti dalla teoria

Si riassumono in seguito alcune definizioni ed alcuni concetti fondamentali, necessari per affrontare e risolvere gli esercizi proposti:

- **Corpo**: quantità finita di materia sulla quale si possono eseguire misure;
- **Sistema**: il corpo od i corpi che costituiscono l'oggetto dello studio;
- **Ambiente esterno**: tutti i corpi non appartenente al sistema;
- **Universo**: unione di sistema ed ambiente esterno;
- **Volume di controllo**: volume occupato dal sistema;
- **Superficie di controllo**: superficie di separazione tra il sistema e l'ambiente esterno (può coincidere con una superficie reale od essere immaginaria).

Ciò che consente un trasferimento di energia sono le **interazioni** che possono avvenire tra sistema ed ambiente. Le principali interazioni sono quelle meccaniche (dovute al reciproco scambio di forze tra sistema ed ambiente esterno), di massa (dovute allo scambio di materia) e termiche (non meccaniche e non di massa). I sistemi possono essere classificati in base al tipo di interazione che sussiste tra sistema stesso ed ambiente esterno:

© Springer-Verlag Italia 2022
R. Borchiellini et al., *Esercizi di Termodinamica Applicata*,
https://doi.org/10.1007/978-88-470-4016-8_1

- **Sistema aperto**: consente interazioni di ogni tipo con l'ambiente esterno (meccaniche, di materia e termiche);
- **Sistema chiuso**: consente interazioni meccaniche e termiche con l'ambiente esterno, ovvero non può scambiare massa con l'esterno;
- **Sistema isolato**: non consente nessun tipo di interazione con l'esterno.

Inoltre, le pareti del sistema possono essere:

- **Permeabili**: se possono essere attraversate bilateralmente da materia (valido per tutte le specie chimiche);
- **Semipermeabili**: se possono essere attraversate da materia ma solo di alcune specie chimiche;
- **Rigide**: se non consentono deformazione e, quindi, variazione del volume complessivo del sistema. Il loro opposto sono le pareti **Flessibili** (o deformabili);
- **Adiabatiche**: non consentono interazioni termiche tra il sistema e l'ambiente esterno.

Le **proprietà termodinamiche** sono tutte le grandezze fisiche che è possibile osservare su un sistema termodinamico e si possono distinguere in:

- Proprietà termodinamiche **indipendenti**: sono quelle sufficienti e necessarie per definire e caratterizzare il sistema;
- Proprietà termodinamiche **dipendenti**: possono essere ricavate dalle proprietà indipendenti.

Le grandezze misurabili su un sistema possono essere:

- **Estensive**: il loro valore è proporzionale ala quantità di materia propria del sistema come ad esempio *massa*, *energia cinetica*, *energia potenziale*, *calore*, *lavoro*, *volume*, etc.;
- **Intensive**: il loro valore non dipende dall'estensione (quantità di materia) del sistema in analisi, come ad esempio *temperatura*, *pressione*, etc.;
- **Specifiche**: sono un rapporto di grandezze estensive; alcuni esempi sono: la *densità*, il *volume specifico*, l'*energia interna specifica*, l'*entalpia specifica*, l'*entropia specifica*, etc..

Lo **stato termodinamico** è l'insieme di tutti i valori assunti dalle proprietà termodinamiche indipendenti, in corrispondenza di un dato istante di tempo.

Il **processo** termodinamico è riferito alla descrizione, dall'istante iniziale, del comportamento del sistema termodinamico considerato, attraverso tutti gli istanti di tempo dell'intervallo di osservazione. Si conoscono, quindi, $\left(x_1(t), .., x_N(t)\right)$, $\forall\, t : t_{in} \leq t \leq t_{fin}$.

Considerando uno spazio, definito dalle coordinate termodinamiche $\left(x_1, ..., x_N\right)$ ad ogni istante di tempo t, è possibile associare un punto, rappresentativo dello stato termodinamico per ogni istante t. L'insieme dei punti ottenuti rispetto alle t crescenti fornisce la **linea di trasformazione**, successione temporale degli stati del sistema.

Una importante trasformazione per le applicazioni è la trasformazione ciclica, dove, $x_j(t_{in}) = x_j(t_{fin}), \forall\, j = 1, ..., N$.

Per risolvere qualsiasi problema di termodinamica è necessario:

1. Scegliere le **coordinate indipendenti** e caratterizzarne il loro dominio di variazione;
2. Individuare le **equazioni fondamentali**;
3. Formulare le **equazioni costitutive** che descrivano il comportamento di ogni sostanza costituente i corpi.

Le Equazioni di stato

Le sostanze **pure** sono quelle costituite da molecole uguali tra loro. In generale, un'equazione di stato è una relazione funzionale che consente di esprimere una coordinata termodinamica dipendente y in funzione delle N coordinate termodinamiche indipendenti x:

$$F(y, x_1, x_2, ..., x_N) = 0$$
$$y = f(x_1, x_2, ..., x_N) \tag{1.1}$$

Queste equazioni vengono utilizzate come assiomi costitutivi nella teoria termodinamica.

Equazione di stato dei gas ideali

L'equazione di stato dei gas ideali è un modello di fluido omogeneo semplificato che, tuttavia, può essere utilizzato con discreta approssimazione nei seguenti casi:

- A basse pressioni;
- A densità molto basse;
- In stati sufficientemente lontani dal punto triplo della sostanza considerata.

L'equazione di stato dei gas ideali, nella forma più generale può essere espressa come:

$$pV = nRT \tag{1.2}$$

dove p indica la pressione assoluta del gas, V il volume, n il numero di moli, $R = 8314 \, \mathrm{J\,kmol^{-1}\,K^{-1}}$ la costante universale dei gas e T la temperatura assoluta del gas. Introducendo la costante elastica, caratteristica del gas che si sta considerando:

$$R^* = \frac{R}{\mathcal{M}} \tag{1.3}$$

dove $R = 8314 \, \mathrm{J\,kmol^{-1}\,K^{-1}}$, costante universale dei gas ideali ed $\mathcal{M}$ massa molare del gas in analisi, si ottiene l'equazione di stato dei gas ideali sempre in forma estensiva, mettendo a sistema l'Equazione (1.2) e l'Equazione (1.3):

$$pV = nRT \Rightarrow pV = \frac{m}{\mathcal{M}} \mathcal{M} R^* T = m \, R^* T \tag{1.4}$$

che, considerando le grandezze specifiche, può essere scritta - in forma specifica - come segue:

$$pV = mR^*T \Rightarrow pv = R^*T \tag{1.5}$$

Dalla teoria cinetica dei gas, inoltre, per i gas ideali, a seconda del numero di atomi della molecola, per le proprietà della sostanza indicate, valgono le relazioni riportati in Tabella 1.1:

Tabella 1.1: Relazioni per un gas ideale, derivabili dalla teoria cinetica dei gas

Atomi della molecola	c_p	c_v	$\gamma = c_p/c_v$
1	$5/2 \, R^*$	$3/2 \, R^*$	$5/3$
2	$7/2 \, R^*$	$5/2 \, R^*$	$7/5$
3	$4 \, R^*$	$3 \, R^*$	$4/3$
> 3	$c_p(T)$	$c_v(T)$	$\gamma(T)$

Per caratterizzare il comportamento di una sostanza vengono spesso utilizzate anche il coefficiente di dilatazione cubica e quello di compressibilità isoterma.

Coefficiente di dilatazione cubica:

$$\beta = \frac{1}{V}\left(\frac{\partial V}{\partial T}\right)_p \tag{1.6}$$

Coefficiente di compressibilità isoterma:

$$\kappa_T = -\frac{1}{V}\left(\frac{\partial V}{\partial p}\right)_T \tag{1.7}$$

Differenziando l'espressione della pressione, in funzione delle coordinate termodinamiche indipendenti volume e temperatura $p(V,T)$:

$$\mathrm{d}p = \left(\frac{\partial p}{\partial V}\right)_T \mathrm{d}V + \left(\frac{\partial p}{\partial T}\right)_V \mathrm{d}T$$
$$\text{Condizione di stabilità } \left(\frac{\partial p}{\partial V}\right)_T < 0 \tag{1.8}$$

Differenziando l'espressione del volume, in funzione delle coordinate termodinamiche indipendenti temperatura e pressione $V(T,p)$:

$$\mathrm{d}V = \left(\frac{\partial V}{\partial T}\right)_p \mathrm{d}T + \left(\frac{\partial V}{\partial p}\right)_T \mathrm{d}p$$
$$\mathrm{d}V = \beta\, V\, \mathrm{d}T - \kappa_T\, V\, \mathrm{d}p \tag{1.9}$$
$$\frac{\mathrm{d}V}{V} = \beta\, \mathrm{d}T - \kappa_T\, \mathrm{d}p$$

Equazione di stato di Van der Waals: nozioni di base

Nel 1873, Johannes Diderik van der Waals propose una tra le prime equazioni di stato dei gas reali, ricavata in funzione di evidenze empiriche inerenti il comportamento dei gas reali [4].

L'Equazione di stato di Van der Waals considera due fenomeni reali, che, invece, sono assunti trascurabili nel modello di gas ideale, basato sull'ipotesi di molecole puntiformi, non interagenti e sufficientemente distanti tra loro [5]; queste due assunzioni reali coinvolgono:

1. Il volume occupato dalle molecole stesse del gas, **covolume** b, rispetto al volume considerato;
2. Le **forze di attrazione intermolecolari** sussistenti tra le molecole del gas stesso.

Infatti, durante la compressione di un gas reale, le molecole vengono avvicinate tra loro, e sperimentalmente si evidenzia che non è possibile trascurare il volume proprio delle molecole stesse. Considerare il volume proprio delle molecole implica dover tenere conto della diminuzione del volume realmente accessibile alle molecole stesse; infatti, il volume accessibile risulta la differenza tra il volume del contenitore e quello totale occupato dalle molecole. In conseguenza, la frequenza degli urti delle molecole sulle pareti rigide del contenitore e tra loro risulta maggiore, con un relativo aumento di pressione, rispetto al modello ideale, per il quale il volume accessibile alle molecole coincide con quello del recipiente [6]. Inoltre, considerare le forze di coesione molecolare, implica una variazione di velocità con cui le molecole urtano la parete rigida del contenitore, che determina una variazione di pressione esercitata dal gas. In base a considerazioni legate alla fisica classica ed alla teoria cinetica, Van der Waals introdusse i seguenti termini:

- Diminuzione del volume accessibile: il volume V_{cont} del contenitore non risulta più il volume accessibile, quindi lo si diminuisce del volume totale occupato dalle molecole V_{mol} per cui: $V = V_{cont} - V_{mol}$ e il volume specifico risulta quindi:

$$v_{vw} = \frac{V_{cont} - V_{mol}}{m} = v - b$$

dove b viene detto covolume;

- Variazione di pressione: Van der Waals dimostrò analiticamente che le forze di mutua attrazione risultano inversamente proporzionali al quadrato del volume specifico, a/v^2, per cui la pressione reale risulta

$$p_{vw} = p + \frac{a}{v^2}$$

Introducendo questi risultati nell'equazione di stato dei gas ideali

$$pv = R^*T$$

si giunge alla espressione analitica dell'Equazione di Van der Waals per i gas reali:

$$\left(p + \frac{a}{v^2}\right) \cdot \left(v - b\right) = R^*T \tag{1.10}$$

dove i coefficienti risultano:

$$\begin{cases} a = \dfrac{27}{64}\dfrac{R^{*2}\ T_{cr}^2}{p_{cr}} \\[4mm] b = \dfrac{R^*\ T_{cr}}{p_{cr}} \end{cases} \tag{1.11}$$

Equazione di stato di Van der Waals: approfondimento

E' possibile osservare come l'equazione di Van der Waals, Equazione (1.10), risulti cubica rispetto al volume specifico v:

$$pv^3 - (pb + RT)v^2 + av - ab = 0$$

Le radici dell'equazione possono essere [4]:

- Una radice reale e due immaginarie, che corrisponde a pressioni supercritiche: dati due valori pressione p e temperatura T è possibile ottenere un unico valore di v (le radici immaginarie non hanno un senso fisico), ovvero coincidenti approssimativamente con le isoterme di un gas reale;
- Tutte le radici sono reali e distinte, ciò corrisponde a isoterme subcritiche che presentano un tratto ondulato al posto di un segmento all'interno della curva limite;
- Tutte le radici sono reali ed uguali, ovvero il valore di pressione per questo caso è quello della pressione critica p_{cr}.

In riferimento alla Figura 1.1, si può osservare che nel tratto ondulato delle isoterme subcritiche:

- Tra gli stati 1 e 2 (percorso fisicamente da 1 a 2) l'isoterma rappresenta uno stato metastabile di liquido;

- Il tratto 2-3-4 non ha senso fisico poiché

$$\left(\frac{\partial p}{\partial v}\right)_T > 0$$

- Tra gli stati 5 e 4 (percorso fisicamente da 5 a 4) l'isoterma rappresenta uno stato metastabile di vapore;
- Il segmento 1-3-5 rappresenta il passaggio di stato tra lo stato di liquido saturo e di vapore saturo secco, corrispondente agli stati stabili della sostanza.

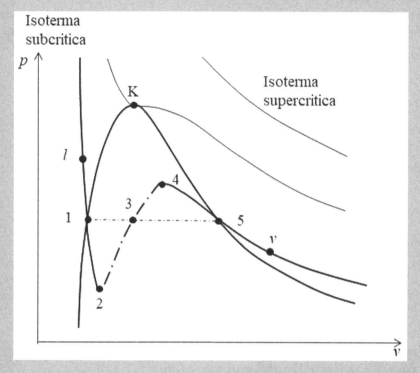

Figura 1.1: Diagramma di Andrews per un gas reale, tratto da [7] e completamente ridisegnata dagli autori.

Principio zero della termodinamica

Se due corpi, una volta messi a contatto attraverso una parete diatermica, si portano in equilibrio, questi hanno la stessa temperatura (**equilibrio termico**).

Flusso termico e calore

Se un sistema interagisce unicamente con l'ambiente circostante perché la sua superficie di controllo è messa in contatto con una superficie esterna, a diversa temperatura, l'interazione comporta uno scambio di calore. Si possono, quindi, definire il flusso termico Φ ed il calore scambiato Q nell'intervallo di tempo τ:

$$\Phi = \Phi(t)$$

$$Q = \int_\tau \Phi(t)\,\mathrm{d}t \Rightarrow \tilde{Q} = \Phi(t)\,\mathrm{d}t \tag{1.12}$$

$$Q(\mathbf{P}) = \int_{\mathbf{P}} \tilde{Q} = \int_{t_1}^{t_2} \Phi(t)\, \mathrm{d}t$$

Non si tratta di un differenziale esatto, quindi, la quantità di calore scambiato Q dipende dal processo che avviene nell'intervallo di tempo τ.

Potenza e lavoro

Una fondamentale modalità di interazione, tra sistema ed ambiente esterno, è quella del mutuo scambio di forze tra questi. Lo scambio energetico in questione, quindi, è quello del lavoro ($L = \int_{\Gamma_{12}} \vec{F} \cdot d\vec{x}$). Per cui, il lavoro è uno scalare, esprimente l'energia scambiata tra due sistemi per un effetto combinato di forza e spostamento. La potenza meccanica W rappresenta la rapidità con cui avviene lo scambio di forze che è, quindi, funzione del tempo t.

$$W = W(t)$$
$$L(\mathbf{P}) = \int_{\tau} W(t)\, \mathrm{d}t \Rightarrow \tilde{L} = W(t)\, \mathrm{d}t$$
$$L(\mathbf{P}) = \int_{\mathbf{P}} \tilde{L} = \int_{t_1}^{t_2} W(t)\, \mathrm{d}t$$

(1.13)

Non si tratta di un differenziale esatto, quindi, la quantità di lavoro scambiato L, dipende dal processo che avviene nell'intervallo di tempo τ. Inoltre, l'interazione data dallo scambio di forze può essere ulteriormente suddivisa in:

- Interazioni per contatto superficiale $\mapsto$ forze **superficiali**, indicato con l'apice ^{s};
- Interazioni dovute a campi di forze $\mapsto$ forze a **distanza**, indicato con l'apice ^{d}.

Queste interazioni possono causare una modifica dello stato del moto od una modifica dello stato interno del sistema stesso. All'interno di ogni corpo, infatti, vi è un sistema di **forze interne** F_i, a cui corrisponde uno stato tensionale interno equilibrato (a risultante nulla $\sum \vec{F}_i = \vec{0}$ N).
Un altro aspetto rilevante dell'interazione può essere lo **scambio di massa**.

In un sistema in cui agisce una forza dall'esterno verso il sistema F_{es}^s (forza su cui ci si focalizza da un punto di vista della meccanica) in equilibrio, per il terzo principio della dinamica, esiste una forza uguale ed opposta che si oppone alla prima, dal sistema verso l'esterno F_{se}^s (questa è la forza su cui ci si focalizza da un punto di vista termodinamico). Trascurando la presenza dell'attrito tra le superfici (che può portare a fenomeni di scorrimento relativo), il lavoro delle due forze è uguale ed opposto $F_{es}^s = -F_{se}^s$.

Quindi, per il principio di azione e reazione, per ognuna delle n forze considerate:

$$\vec{F}_{es,n}^s + \vec{F}_{se,n}^s = \vec{0}$$
$$\vec{F}_{es,n}^d + \vec{F}_{se,n}^d = \vec{0}$$

Da cui:

$$L_{es}^s(\mathbf{P}) + L_{se}^s(\mathbf{P}) = 0 \ \ \& \ \ W_{es}^s(t) + W_{se}^s(t) = 0$$
$$L_{es}^d(\mathbf{P}) + L_{se}^d(\mathbf{P}) = 0 \ \ \& \ \ W_{es}^d(t) + W_{se}^d(t) = 0$$

Per le forze interne, sebbene la risultante delle forze sia nulla, spesso, il lavoro di queste forze è non nullo (es. deformazione del corpo).

Le forze interne applicate ad un qualsiasi elemento, possono essere scomposte vettorialmente nella loro componente normale ed in quella tangenziale, rispetto al punto di applicazione. Le relative forme di potenza e lavoro, quindi, possono essere scritte come:

$$W_i(t) = W_i^{nor}(t) + W_i^{tg}(t)$$
$$L_i(\mathbf{P}) = L_i^{nor}(\mathbf{P}) + L_i^{tg}(\mathbf{P}) \tag{1.14}$$

Le forze interne, allora, avranno le due componenti (termine lineare e non lineare). A quest'ultima componente si fa corrispondere il lavoro che non contribuisce alla variazione di volume (che, quindi, non fornisce lavoro utile), equivalente al *lavoro di attrito*.

$$W_i(t) = W_i^{lin}(t) - W_{ai}(t), \quad W_{ai}(t) \geq 0$$
$$L_i(\mathbf{P}) = L_i^{lin}(\mathbf{P}) - L_{ai}(\mathbf{P}), \quad L_{ai}(\mathbf{P}) \geq 0 \tag{1.15}$$

Equazione dell'energia cinetica

Dalla fisica di base, è noto come la risultante delle forze applicate dall'esterno sul sistema (ivi comprese le reazioni vincolari) sia pari alla variazione della quantità di moto.

Da questa legge è possibile ricavare il teorema dell'energia cinetica che, mette in relazione il lavoro svolto da tutte le forze che agiscono sul sistema (esterne ed interne), alla variazione di energia cinetica del sistema stesso. Considerando i diversi contributi dati dalle forze di superficie e da quelle a distanza (si considera per queste solo l'effetto del campo gravitazionale, quindi $L_{se}^d = \Delta E_p$, dove per E_p si considera la sola energia potenziale gravitazionale in tutto il testo):

$$\Delta E_c = E_c(t_2) - E_c(t_1) = L_{es}(\mathbf{P}) + L_i(\mathbf{P})$$
$$\Delta E_c = -L_{se}^s(\mathbf{P}) - L_{se}^d(\mathbf{P}) + L_i^{lin}(\mathbf{P}) - L_{att}(\mathbf{P})$$
$$\Delta E_c = -L_{se}^s(\mathbf{P}) - \Delta E_p + L_i^{lin}(\mathbf{P}) - L_{att}(\mathbf{P}) \tag{1.16}$$
$$\Delta E_c + \Delta E_p + L_{se}^s(\mathbf{P}) - L_i^{lin}(\mathbf{P}) + L_{att}(\mathbf{P}) = 0$$

Inoltre, il lavoro delle forze di superficie può essere a sua volta distinto in tre differenti contributi: in lavoro all'albero (tecnico) $L_t(\mathbf{P})$, in una quota spesa per compiere lavoro sull'ambiente esterno $L_0(\mathbf{P})$ e, nei sistemi che lo prevedono (aperti) il lavoro di spostamento $L_{sp}(\mathbf{P})$, necessario per immettere od espellere il fluido dal volume di controllo.

$$L_{se}^s(\mathbf{P}) = L_t(\mathbf{P}) + L_0(\mathbf{P}) + L_{sp}(\mathbf{P}) \tag{1.17}$$

Il teorema dell'energia cinetica in termini di potenza, risulta:

$$\frac{\mathrm{d}E_c(t)}{\mathrm{d}t} = \dot{E}_c = W_{es}(t) + W_i(t)$$
$$\frac{\mathrm{d}E_c(t)}{\mathrm{d}t} = \dot{E}_c = -W_{se}^s(t) - W_{se}^d(t) + W_i^{lin}(t) - W_{att}(t)$$
$$\frac{\mathrm{d}E_c(t)}{\mathrm{d}t} = \dot{E}_c = -W_{se}^s(t) - \frac{\mathrm{d}E_p(t)}{\mathrm{d}t} + W_i^{lin}(t) - W_{att}(t) \tag{1.18}$$
$$\frac{\mathrm{d}E_c(t)}{\mathrm{d}t} + \frac{\mathrm{d}E_p(t)}{\mathrm{d}t} + W_{se}^s(t) - W_i^{lin}(t) + W_{att}(t) = 0$$

con $W_{se}^d = \mathrm{d}E_p(t)/\mathrm{d}t$.

I segni adottati per le grandezze energetiche

I **segni** delle grandezze relativi agli scambi energetici di calore e lavoro, adottati in Fisica Tecnica, sono mostrati il Figura 1.2.

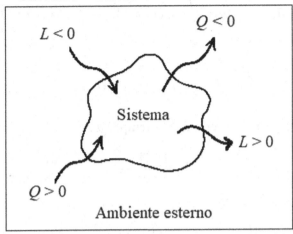

Figura 1.2: I segni relativi ai principali scambi energetici (calore e lavoro) del sistema.

Le relazioni fenomenologiche e le forme differenziali lineari

Nella maggior parte dei casi studiati in termodinamica applicata vengono introdotte le seguenti ipotesi:

- Si considerano **sistemi semplici**, ovvero sistemi descrivibili attraverso due sole coordinate termodinamiche indipendenti;
- Si considera l'**omogeneità spaziale** dei corpi che implica le proprietà di ogni corpo possano modificarsi nel tempo, ma non possano variare tra un punto e l'altro di uno stesso corpo;
- Se non diversamente specificato, verranno inoltre considerati sistemi **non viscosi**.

Per potere svolgere i calcoli inerenti gli scambi energetici in un processo, è necessario correlare il calore ed il lavoro scambiato all'evoluzione dello stato e delle coordinate indipendenti. Queste sono le equazioni fenomenologiche. Le relazioni fenomenologiche costitutive del calore si basano su evidenze sperimentali mentre quelle del lavoro interno su sviluppi della meccanica.

In uno spazio bidimensionale (x, y), definite le funzioni $M(x, y)$ e $N(x, y)$, una **forma differenziale lineare**:

$$\tilde{z} = M(x, y) \cdot \mathrm{d}x + N(x, y) \cdot \mathrm{d}y \tag{1.19}$$

Il valore dell'integrale definito delle forme differenziali lineari tra due punti dello spazio (x, y) varia al variare della linea che congiunge i due punti.

Per i corpi omogenei il calore ed il lavoro interno possono essere espressi come integrali di forme differenziali lineari, dove le funzioni $M(x, y)$ e $N(x, y)$ sono equazioni di stato. Quindi, le forme differenziali lineari sono fenomenologiche, poiché mettono in relazione l'energia scambiata e la variazione delle coordinate termodinamiche indipendenti.

Equazioni costitutive del calore

Equazione costitutiva del calore, in forma differenziale, nello **spazio degli stati** (T, V):

$$\tilde{Q} = C_v(V, T) \, \mathrm{d}T + \Lambda_v(V, T) \, \mathrm{d}V \tag{1.20}$$

che, integrata:

$$Q(\mathbf{P}) = \int_\Gamma \tilde{Q} = \int_\Gamma C_v(V,T)\,\mathrm{d}T + \int_\Gamma \Lambda_v(V,T)\,\mathrm{d}V \tag{1.21}$$

e, **per unità di massa**:

$$q(\mathbf{P}) = \frac{Q}{m} = \int_\Gamma \tilde{q} = \int_\Gamma c_v(v,T)\,\mathrm{d}T + \int_\Gamma \lambda_v(v,T)\,\mathrm{d}v \tag{1.22}$$

Equazione costitutiva del calore nel **dominio del tempo** (T,V):

$$\Phi(t) = C_v(V,T)\,\frac{\mathrm{d}T}{\mathrm{d}t} + \Lambda_v(V,T)\,\frac{\mathrm{d}V}{\mathrm{d}t} \tag{1.23}$$

e, **per unità di massa**:

$$\phi(t) = \frac{\Phi}{m} = c_v(v,T)\,\frac{\mathrm{d}T}{\mathrm{d}t} + \lambda_v(v,T)\,\frac{\mathrm{d}v}{\mathrm{d}t} \tag{1.24}$$

Equazione costitutiva del calore, in forma differenziale, nello **spazio degli stati**, nelle variabili $(T-p)$:

$$\tilde{Q} = C_p(p,T)\,\mathrm{d}T + \Lambda_p(p,T)\,\mathrm{d}p \tag{1.25}$$

che, integrata:

$$Q(\mathbf{P}) = \int_\Gamma \tilde{Q} = \int_\Gamma C_p(p,T)\,\mathrm{d}T + \int_\Gamma \Lambda_p(p,T)\,\mathrm{d}p \tag{1.26}$$

e, **per unità di massa**:

$$q(\mathbf{P}) = \frac{Q}{m} = \int_\Gamma \tilde{q} = \int_\Gamma c_p(p,T)\,\mathrm{d}T + \int_\Gamma \lambda_p(p,T)\,\mathrm{d}p \tag{1.27}$$

Equazione costitutiva del calore nel **dominio del tempo** (T,p):

$$\Phi(t) = C_p(p,T)\,\frac{\mathrm{d}T}{\mathrm{d}t} + \Lambda_p(p,T)\,\frac{\mathrm{d}p}{\mathrm{d}t} \tag{1.28}$$

e, **per unità di massa**:

$$\phi(t) = \frac{\Phi}{m} = c_p(p,T)\,\frac{\mathrm{d}T}{\mathrm{d}t} + \lambda_p(p,T)\,\frac{\mathrm{d}p}{\mathrm{d}t} \tag{1.29}$$

Capacità termica e calore specifico

Capacità termica:

$$C_x = \left(\frac{\tilde{Q}}{\mathrm{d}T}\right)_x \tag{1.30}$$

Calore specifico:

$$c_x = \frac{C_x}{m} = \left(\frac{\tilde{q}}{\mathrm{d}T}\right)_x \tag{1.31}$$

Osservazione: i calori specifici sono proprietà caratteristiche delle singole sostanze e, come evidenziato nelle equazioni costitutive del calore, variano al variare dello stato termodinamico del sistema considerato. Il libro è sviluppato nell'ipotesi che il lettore conosca per l'**aria** (massa molare $\mathcal{M} = 28.97\ \text{kg kmol}^{-1}$):

- la costante elastica: $R^* = R/\mathcal{M} = 287\ \text{J kg}^{-1}\,\text{K}^{-1}$;
- il calore specifico a pressione costante, in **condizioni standard**: $c_p = 1005\ \text{J kg}^{-1}\,\text{K}^{-1}$.

Si osservi come, per un gas ideale, il calore specifico a pressione costante risulti unicamente funzione della temperatura. Ad esempio, nel caso dell'aria, alla temperatura di $T = 300\ \text{K}$, $c_p = 1005\ \text{J kg}^{-1}\,\text{K}^{-1}$, mentre alla temperatura di $T = 1000\ \text{K}$, $c_p = 1142\ \text{J kg}^{-1}\,\text{K}^{-1}$. Nelle applicazioni, si utilizza il valore medio del calore specifico, valutato tra la temperatura dello stato iniziale e quella dello stato finale. Per semplicità, nel testo, se non diversamente specificato, verrà adottata l'ipotesi di calori specifici costanti nelle trasformazioni, pari a quelli delle condizioni standard.

Osservazione: il libro è sviluppato nell'ipotesi che il lettore assuma, altresì, per l'**acqua** in condizioni standard (stato di aggregazione liquido, massa molare $\mathcal{M} = 18.01\ \text{kg kmol}^{-1}$):

- la densità: $\rho_{H_2O} = 1000\ \text{kg m}^{-3}$;
- il calore specifico: $c = 4186\ \text{J kg}^{-1}\,\text{K}^{-1}$.

Calori latenti

Calore **latente rispetto al volume**:

$$\Lambda_v = \left(\frac{\tilde{Q}}{\mathrm{d}V} \right)_T \tag{1.32}$$

E' la quantità di calore scambiata lungo un processo a temperatura costante, rispetto alla variazione di volume.

Calore **latente rispetto alla pressione**:

$$\Lambda_p = \left(\frac{\tilde{Q}}{\mathrm{d}p} \right)_T \tag{1.33}$$

E' la quantità di calore scambiata lungo un processo a temperatura costante, rispetto alla variazione di pressione.

Le relative quantità **per unità di massa** sono:

$$\begin{aligned} \lambda_v &= \left(\frac{\tilde{q}}{\mathrm{d}v} \right)_T \\ \lambda_p &= \left(\frac{\tilde{q}}{\mathrm{d}p} \right)_T \end{aligned} \tag{1.34}$$

Per un **fluido omogeneo semplice**:

$$\Lambda_p = T \left(\frac{\partial p}{\partial T} \right)_V \tag{1.35}$$

$$\Lambda_p = -T \left(\frac{\partial V}{\partial T} \right)_p \tag{1.36}$$

Per un **gas ideale**:

$$\Lambda_v = T \left(\frac{\partial p}{\partial T} \right)_V = T \frac{mR^*}{V} = p \tag{1.37}$$

$$\Lambda_p = -T \left(\frac{\partial V}{\partial T} \right)_p = -T \frac{mR^*}{p} = -V \tag{1.38}$$

Analogamente:

$$\begin{aligned} \lambda_v &= \Lambda_v = p \\ \lambda_p &= -v \end{aligned} \tag{1.39}$$

Equazione costitutiva del lavoro

Per molte sostanze le equazioni di stato sono formulate considerando unicamente la componente normale (lineare) delle forze interne. Ciò vale per i fluidi omogenei semplici e non viscosi. Se il fluido, invece, presenta viscosità, oltre alle variabili termodinamiche indipendenti lineari, è necessario considerare anche la velocità di variazione nel tempo del volume (non risulta più possibile esprimere il lavoro come forma differenziale lineare); le forze interne, allora, avranno le due componenti (termine lineare e non lineare). Si ricorda come a quest'ultima componente si faccia corrispondere il lavoro che non contribuisce alla variazione di volume (che, quindi, non fornisce lavoro utile), equivalente al lavoro di attrito.

$$\begin{aligned} W_i(t) &= W_i^{lin}(t) - W_{ai}(t), & W_{ai}(t) \geq 0 \\ L_i(\mathbf{P}) &= L_i^{lin}(\mathbf{P}) - L_{ai}(\mathbf{P}), & L_{ai}(\mathbf{P}) \geq 0 \end{aligned} \tag{1.40}$$

Equazione costitutiva del lavoro nello **spazio degli stati**:

$$\tilde{L}_i^{lin} = p(V,T)\, dV \tag{1.41}$$

che, integrata:

$$L_i^{lin}(\mathbf{P}) = \int_\Gamma \tilde{L}_i^{lin} = \int_\Gamma p(V,T)\, \mathrm{d}V \tag{1.42}$$

e, **per unità di massa**:

$$l_i^{lin}(\mathbf{P}) = \frac{L_i^{lin}}{m} = \int_\Gamma \tilde{l}_i^{lin} = \int_\Gamma p(v,T)\, \mathrm{d}v \tag{1.43}$$

Equazione costitutiva del lavoro nel **dominio del tempo**:

$$W_i^{lin}(t) = p(V,T) \frac{dV}{\mathrm{d}t} \tag{1.44}$$

e, **per unità di massa**:

$$W_i^{lin}(t) = p(v,T) \frac{\mathrm{d}v}{\mathrm{d}t} \tag{1.45}$$

Principali processi e trasformazioni

Processo adiabatico: $\Phi(t) = 0 \text{ W}$, $\forall\, t \Rightarrow Q = 0 \text{ J}$
Equazioni per il calcolo:

Fluido	Variabili indipendenti	
	(v, T)	(p, T)
Fluido omogeneo	$q = \int_\Gamma c_v \, dT + \int_\Gamma \lambda_v \, dv$ $l_i = \int_\Gamma p \, dv$	$q = \int_\Gamma c_p \, dT + \int_\Gamma \lambda_p \, dp$ non usato
Gas ideale	$q = \int_\Gamma c_v \, dT + \int_\Gamma R^* \frac{T}{v} dv$ $l_i = R^* \int_\Gamma T \frac{dv}{v}$	$q = \int_\Gamma c_p \, dT - \int_\Gamma R^* \frac{T}{p} dp$ non usato

Gas ideale

Quindi, per i gas ideali, si può ricavare:

$$\tilde{q} = c_v \, dT + p \, dv = c_p \, dT - v \, dp$$
$$\Rightarrow p \, dv + v \, dp = d(pv) = (c_p - c_v) \, dT \tag{1.46}$$
$$d(R^*T) = R^* \, dT = (c_p - c_v) \, dT \Rightarrow R^* = c_p - c_v$$

Principali trasformazioni per i gas ideali:

Trasformazione	Equazione	Calore e lavoro per unità di massa
Isocora	$v =$cost	$q = \int_{T_1}^{T_2} c_v \, dT = \bar{c}_v (T_2 - T_1)$ $l_i = 0 \text{ J kg}^{-1}$
Isobara	$p =$cost	$q = \int_{T_1}^{T_2} c_p \, dT = \bar{c}_p (T_2 - T_1)$ $l_i = p \cdot (v_2 - v_1)$
Isoterma	$T =$cost	$q = R^*T \int_{v_1}^{v_2} \frac{dv}{v}$ $\Rightarrow q = R^*T \ln(v_2/v_1)$ $l_i = R^*T \int_{v_1}^{v_2} \frac{dv}{v}$ $\Rightarrow l_i = R^*T \ln(v_2/v_1)$

Per un **gas ideale**, la trasformazione **adiabatica**, nelle diverse coordinate indipendenti risulta:

Coordinate	Equazione differenziale	Trasformazione
(p, v)	$\gamma \frac{dv}{v} + \frac{dp}{p}$	$p\, v^\gamma =$cost
(v, T)	$(\gamma - 1)\frac{dv}{v} + \frac{dT}{T}$	$T\, v^{\gamma-1} =$cost
(p, T)	$\frac{1-\gamma}{\gamma} \frac{dp}{p} + \frac{dT}{T}$	$T\, p^{(1-\gamma)/\gamma} =$cost

Quindi:

$$l_i = \int_{\Gamma_{ad}} p\,\mathrm{d}v = p_1\,v_1^\gamma \int_{v_1}^{v_2} v^{-\gamma}\mathrm{d}v = \frac{R^*T_1}{\gamma-1}\left[1 - \left(\frac{v_1}{v_2}\right)^{\gamma-1}\right]$$

$$l_t = -\int_{\Gamma_{ad}} v\,\mathrm{d}p = p_1^{1/\gamma}v_1 \int_{p_1}^{p_2} p^{-1/\gamma}\mathrm{d}p = \frac{R^*T_1}{\gamma-1}\left[1 - \left(\frac{p_2}{p_1}\right)^{(\gamma-1)/\gamma}\right] \tag{1.47}$$

Trasformazioni politropiche

E' definita come trasformazione politropica di un fluido omogeneo, la trasformazione per la quale si possa scrivere $\tilde{q} = c(T)dT$, da cui:

$$c\,\mathrm{d}T = \lambda_p\,\mathrm{d}p + c_p\,\mathrm{d}T \Rightarrow (c - c_p)\,\mathrm{d}T - \lambda_p\,\mathrm{d}p = 0 \tag{1.48}$$

ma, per un **gas ideale** $\lambda_p = -v$, quindi, $(c - c_p)\,\mathrm{d}T = -v\,\mathrm{d}p$ che, messa a sistema con l'equazione di stato dei gas ideali e differenziata, diventa $\mathrm{d}T = \dfrac{p\,\mathrm{d}v + v\,\mathrm{d}p}{R^*}$. Dopo alcuni passaggi algebrici si ottiene:

$$\frac{c - c_p}{c - c_v}\frac{\mathrm{d}v}{v} = -\frac{\mathrm{d}p}{p}$$

$$n\frac{\mathrm{d}v}{v} = -\frac{\mathrm{d}p}{p} \Rightarrow \frac{\mathrm{d}p}{p} = -n\frac{\mathrm{d}v}{v} \tag{1.49}$$

$$\ln(p) = -n\ln(v) + k \Rightarrow pv^n = cost$$

Dove n è l'esponente caratteristico della trasformazione politropica.

Trasformazione	Equazione	c	n
Isocora	$v =$cost	c_v	∞
Isobara	$p =$cost	c_p	0
Isoterma	$T =$cost	∞	1
Adiabatica	$q = 0\,\mathrm{J\,kg^{-1}}$	0	γ

1.1 Equazione di Van der Waals

Per la risoluzione dell'esercizio è necessario conoscere: le equazioni costitutive di calore e lavoro, l'equazione di stato di Van der Waals, il primo principio della termodinamica.

Calcolare il calore scambiato lungo una trasformazione isoterma da una massa $m = 12$ kg di elio che, allo stato iniziale, si trova alle condizioni di temperatura e volume specifico: $T_A = 300$ K e $v_A = 0.045\,\mathrm{m^3\,kg^{-1}}$ e uno stato finale con volume specifico $v_B = 0.030\,\mathrm{m^3\,kg^{-1}}$, utilizzando l'equazione di stato di Van der Waals. Considerare come coefficienti dell'equazione di Van der Waals: $a = 1989.6\,\mathrm{N\,m^4\,kg^{-2}}$, $b = 0.0059\,\mathrm{m^3\,kg^{-1}}$.

Si consideri, inoltre, che per l'elio la costante dei gas valga $R^* = 2077\,\mathrm{J\,kg^{-1}\,K^{-1}}$.

******************************** *Soluzione* ********************************

Dati

	Grandezza	Simbolo	Valore	Unità di misura
Gas elio: **He**	costante del gas	R^*	2077	$\mathrm{J\,kg^{-1}\,K^{-1}}$
	massa	m	12	kg
Stato iniziale: **A**	temperatura	T_A	298	K
	volume specifico	v_A	0.045	$\mathrm{m^3\,kg^{-1}}$
Stato finale: **B**	temperatura	T_B	300	K
	volume specifico	v_B	0.030	$\mathrm{m^3\,kg^{-1}}$

Si richiede di utilizzare l'Equazione di Van der Waals

Coefficienti di Van der Waals:

a	1989.6	$\mathrm{N\,m^4\,kg^{-2}}$
b	0.0059	$\mathrm{m^3\,kg^{-1}}$

Calcolo del calore

Per determinare il valore del calore scambiato, si introduce l'equazione costitutiva per il calore stesso Q:

$$Q = m \int_{v_A}^{v_B} \lambda_v \, dv + m \int_{T_A}^{T_B} c_v \, dT \tag{1.50}$$

La trasofrmazione seguita è una isoterma:

$$T_A = T_B \Rightarrow dT = 0$$

quindi l'equazione (1.50) si riduce a:

$$Q = m \int_{v_A}^{v_B} \lambda_v \, dv \tag{1.51}$$

Dall'equazione di stato di Van der Waals si ricava l'espressione analitica della pressione p:

$$p = \frac{R^* T}{v - b} - \frac{a}{v^2} \tag{1.52}$$

Quindi si può ricavare λ_v dall'equazione (1.52):

$$\lambda_v = T \left(\frac{\partial p}{\partial T} \right)_v = T \frac{R^*}{v - b}$$

quindi l'equazione (1.51) risulta:

$$Q = m \, R^* T_A \int_{v_A}^{v_B} \frac{dv}{v - b} = m \, R^* T_A \ln \left(\frac{v_B - b}{v_A - b} \right) \tag{1.53}$$

Sostituendo ora i valori numerici, il calore risulta:

$$Q = m\,R^*\,T_A\,\ln\left(\frac{v_B - b}{v_A - b}\right) =$$

$$= 12 \cdot 2077 \cdot 298 \cdot \ln\left(\frac{0.030 - 0.0059}{0.045 - 0.0059}\right) = -3.594\ \text{MJ}$$

Calcolo del lavoro

Per determinare il lavoro, è necessario considerare che:

- per un fluido omogeneo non viscoso si ha $L_{att} = 0$ J ;
- la variazione nulla dell'energia cinetica del sistema considerato è $\Delta E_c = 0$ J;
- nell'ipotesi di assenza di attrito superficiale si ha $L_{att,e} = 0$ J;
- il lavoro delle forze a distanza è nullo $L_{es}^d = 0$ J;

quindi il lavoro del sistema sull'esterno, L_{se}, risulta

$$L_{se} = L_{se}^s + L_{se}^d = L_{se}^s = L_i = L_i^{lin} = m \int_{v_A}^{v_B} p\,dv \qquad (1.54)$$

Utilizzando ora l'equazione (1.52) si ottiene:

$$L_i^{lin} = m \int_{v_A}^{v_B} \left(\frac{R^*T_A}{v - b} - \frac{a}{v^2}\right) dv =$$

$$= m\,R^*T_A\,\ln\left(\frac{v_B - b}{v_A - b}\right) + m\,a\left(\frac{1}{v_B} - \frac{1}{v_A}\right)$$

Sostituendo ora i valori numerici, il calore risulta:

$$L_i^{lin} = m\,R^*T_A\,\ln\left(\frac{v_B - b}{v_A - b}\right) + m\,a\left(\frac{1}{v_B} - \frac{1}{v_A}\right) =$$

$$= 12 \cdot 2077 \cdot 298 \ln\left(\frac{0.030 - 0.0059}{0.045 - 0.0059}\right) + 12 \cdot 1989.6\left(\frac{1}{0.030} - \frac{1}{0.045}\right) =$$

$$= -3.329\ \text{MJ}$$

Calcolo della variazione di energia interna

Si considera il primo principio della termodinamica:

$$Q - L_i^{lin} = \Delta U$$

Sostituendo ora i valori numerici, il calore risulta:

$$\Delta U = Q - L_i^{lin} = -0.265\ \text{MJ}$$

1.2 Riscaldamento isobaro dell'aria

Per la risoluzione dell'esercizio è necessario conoscere: le equazioni costitutive di calore e lavoro, l'equazione di stato dei gas ideali, grandezze estensive ed intensive, il coefficiente di compressibilità isoterma.

In un sistema cilindro-pistone, una massa di aria $p_A = 1.5$ bar e $t_A = 22°C$ occupa inizialmente un volume $V_A = 900$ cm^3. Il sistema viene scaldato a pressione costante, calcolare il calore ed il lavoro delle forze interne scambiati in una trasformazione nella quale la temperatura finale è $t_B = 240°C$.
Assumere che il gas sia ideale e non viscoso con $c_p = 1005$ J kg^{-1} K^{-1} e $R^* = 287$ J kg^{-1} K^{-1}.

************************************** *Soluzione* *************************************

Dati

	Grandezza	Simbolo	Valore	Unità di misura
Gas: **aria**	costante del gas	R^*	287	J kg^{-1} K^{-1}
Stato iniziale: **A**	temperatura	t_A	22	°C
	volume	v_A	900	cm^3
	pressione	p_A	1.5	bar
Stato finale: **B**	temperatura	t_B	240	°C
	pressione	$p_B = p_A$	1.5	bar
Trasformazione	lavoro di attrito	L_{att}	0	J

Calcolo del volume specifico

Facendo riferimento all'equazione di stato dei gas ideali $p\,v = R^*\,T$ si possono determinare i volumi specifici dell'aria nello stato iniziale **A** ed in quello finale **B**.
Le temperature nell'equazione di stato dei gas ideali sono sempre espresse in K, quindi occorre ricavare le temperature T_A e T_B in K:

$$T_A = 22 + 273.15 = 295.15 \text{ K}$$

$$T_B = 240 + 273.15 = 513.15 \text{ K}$$

Le pressioni nell'equazione di stato dei gas ideali sono sempre espresse in Pa, quindi occorre ricavare le pressioni p_A e p_B in Pa, ricordando che si tratta di una trasformazione isobara $p_B = p_A$:

$$p_A = 1.5 \times 10^5 \text{ Pa}$$

$$p_B = p_A = 1.5 \times 10^5 \text{ Pa}$$

Quindi dall'equazione di stato dei gas ideali si ottiene:

$$v_A = \frac{R^*\,T_A}{p_A} = \frac{287 \cdot 295.15}{1.5 \times 10^5} = 0.565 \text{ m}^3 \text{ kg}^{-1} \tag{1.55}$$

$$v_B = \frac{R^*\,T_B}{p_B} = \frac{287 \cdot 513.15}{1.5 \times 10^5} = 0.982 \text{ m}^3 \text{ kg}^{-1} \tag{1.56}$$

Calcolo della massa contenuta nel cilindro

Il volume del cilindro è espresso in cm^3 e deve essere, invece, espresso in m^3:

$$V_A = 900 \text{ cm}^3 = 900 \times (10^{-2})^3 \text{ m}^3 = 900 \times 10{-}6 \text{ m}^3 = 9.00 \times 10^{-4} \text{ m}^3$$

quindi

$$m = \frac{V_A}{v_A} = \frac{9.00 \times 10^{-4}}{0.565} = 1.59 \times 10^{-3} \text{ kg} \tag{1.57}$$

Calcolo del lavoro interno

Il lavoro interno è il lavoro di un fluido omogeneo senza attrito, quindi:

$$L_i = L_i^{lin} - L_{att}$$

ma $L_{att} = 0$ J quindi:

$$\boxed{\begin{aligned} L_i = L_i^{lin} = m \int_{v_A}^{v_B} p\, dv = m\, p_A \int_{v_A}^{v_B} dv = m\, p_A\,(v_B - v_A) = \\ = 1.59 \times 10^{-3} \cdot 1.5 \times 10^5 \cdot (0.982 - 0.565) = 99.7 \text{ J} \end{aligned}} \tag{1.58}$$

1.3 Determinazione del lavoro per compressione isoterma di un liquido

Per la risoluzione dell'esercizio è necessario conoscere: le equazioni costitutive di calore e lavoro, le sostanze pure liquide, il coefficiente di compressibilità isoterma.

Calcolare il lavoro delle forze interne necessario per comprimere a temperatura costante $t = 60°$C, la massa $m = 25$ kg di acqua tra le pressione $p_A = 0.95$ kg$_f$ cm^{-2} e $p_B = 210$ kg$_f$ cm^{-2}. La comprimibilità isoterma a 60°C è data dalla relazione:

$$\kappa_T = \frac{c}{v\,(p+b)}$$

dove $c = 0.125$ cm^3 g^{-1} e b = 2700 kg$_f$ cm^{-2}.
Si tratti l'acqua come un fluido omogeneo semplice non viscoso.

** *Soluzione* **

Dati

	Grandezza	Simbolo	Valore	Unità di misura
Acqua	massa	m	25	kg
Stato iniziale: **A**	temperatura	t_A	60	°C
	pressione	p_A	0.95	kg$_f$ cm^{-2}
Stato finale: **B**	temperatura $t_B = t_A$		60	°C
	pressione	p_B	210	kg$_f$ cm^{-2}

Calcolo del lavoro delle forze interne

Il fluido considerato è un fluido omogeneo semplice non viscoso. In questo caso il lavoro è espresso dalla relazione:

$$L_i = L_i^{lin} = \int_{V_A}^{V_B} p \, dV \tag{1.59}$$

In questa espressione occorre individuare la dipendenza funzionale tra la pressione p e il volume V.

Calcolo della relazione tra pressione e volume

Il differenziale della pressione per un fluido risulta:

$$dp = \left(\frac{\partial p}{\partial T}\right)_V dT + \left(\frac{\partial p}{\partial V}\right)_T dV$$

che per una trasformazione isoterma diventa:

$$dp = \left(\frac{\partial p}{\partial V}\right)_T dV \tag{1.60}$$

Ora, ricordando la definizione di κ:

$$\kappa_T = -\frac{1}{V}\left(\frac{\partial V}{\partial p}\right)_T$$

la relazione (1.60) può essere riscritta come:

$$dp = -\frac{1}{V}\frac{dV}{V} \Rightarrow dV = -\kappa_T V \, dp \tag{1.61}$$

Calcolo del lavoro interno: sostituzione del differenziale dV con dp

$$L_i = \int_{V_A}^{V_B} p \, dV = -\int_{p_A}^{p_B} \kappa_T \, p \, V \, dp$$

Dal testo si ha che:

$$\kappa_T = \frac{c}{v(p+b)} = m \frac{c}{V(p+b)}$$

che, sostituito nell'integrale, fornisce

$$L_i = -m \int_{p_A}^{p_B} \frac{c}{V(p+b)} p \, V \, dp =$$

$$= -m \int_{p_A}^{p_B} \frac{c}{p+b} p \, dp =$$

$$= -m \, c \left[(p_2 - p_1) - b \ln\left(\frac{p_2 + b}{p_1 + b}\right)\right]$$

Occorre esprimere rispetto al SI i dati del testo:

	1 kg$_f$ = 9.81 N	
$p_A = 0.95$ kg$_f$ cm^{-2}		$p_A = 93200$ Pa
	1 cm$^2 = (1 \times 10^{-2})^2$ m$^2 = 10^{-4}$ m^2	
$p_B = 210$ kg$_f$ cm^{-2}		$p_B = 2100000$ Pa $= 2.10 \times 10^6$ Pa
	1 cm$^3 = (1 \times 10^{-2})^3$ m$^3 = 10^{-6}$ m^3	
$c = 0.125$ cm^3 g^{-1}		$c = 0.125 \times 10^{-3}$ m^3 kg^{-1}
	1 g $= 10^{-3}$ kg	
$b = 2700$ kg$_f$ cm^{-2}		$b = 264870000$ Pa $= 2.65 \times 10^8$ Pa

Sostituendo ora i valori numerici si ottiene:

$$
\begin{aligned}
L_i &= -m\,c\left[(p_2 - p_1) - b\,\ln\left(\frac{p_2 + b}{p_1 + b}\right)\right] = \\
&= 25 \cdot 0.125 \times 10^{-3}\left[(2.10 \times 10^6 - 9.32 \times 10^4) - 2.65 \times 10^8 \cdot \right. \\
&\quad \left. \cdot \ln\left(\frac{2.10 \times 10^6 + 2.65 \times 10^8}{9.32 \times 10^4 + 2.65 \times 10^8}\right)\right] = \\
&= 1.26 \times 10^4 = 12.6 \text{ kJ}
\end{aligned}
\tag{1.62}
$$

1.4 Determinazione della pressione finale in una compressione isoterma di un liquido

Per la risoluzione dell'esercizio è necessario conoscere: le equazioni costitutive di calore e lavoro, le sostanze pure liquide, il coefficiente di compressibilità isoterma.

Si calcoli la pressione finale che raggiunge una massa $m = 10$ kg di liquido che inizialmente si trova a $p_A = 2$ atm e $t_A = 60°$C, quando viene compressa a temperatura costante, impiegando un lavoro $L = 1.4$ kJ. Si supponga che la comprimibilità isoterma alla temperatura sia data dalla relazione:

$$
\kappa_T = \frac{c}{v \cdot p}
$$

dove $c = 6.25 \times 10^{-3}$ cm^3 g^{-1}.
Svolgere il calcolo considerando il fluido omogeneo non viscoso e nulli gli attriti del sistema meccanico di compressione.

** *Soluzione* **

Dati

	Grandezza	Simbolo	Valore	Unità di misura
Liquido	massa	m	10	kg
Stato iniziale: **A**	temperatura	t_A	60	°C
	pressione	p_A	2	atm
Stato finale: **B**	temperatura	$t_B = t_A$	60	°C
Trasformazione	Lavoro svolto	L_{se}	1.4	kJ
	Lavoro di attrito	L_{att}	0	kJ
	Variazione energia cinetica	ΔE_c	0	kJ
	Variazione energia potenziale	ΔE_p	0	kJ

Calcolo del lavoro del sistema sull'esterno

Nel fluido e nel sistema meccanico sono nulli i lavori di attrito ($L_{ai} = 0$ J, $L_{ae} = 0$ J), la variazione di energia cinetica ($\Delta E_c = 0$ J) e il lavoro delle forze a distanze ($\Delta E_p = 0$ J), quindi si ha:

$$L_{se} = L_{se}^s = L_i^{lin} = \int_{V_A}^{V_B} p \, dV \tag{1.63}$$

Calcolo del differenziale del volume

Il differenziale della pressione è dato da:

$$dp = \left(\frac{\partial p}{\partial V} \right)_T dV + \left(\frac{\partial p}{\partial T} \right)_V dT$$

che per una trasformazione isoterma ($dT = 0$ K, $T_A = T_B$) diventa:

$$dp = \left(\frac{\partial p}{\partial V} \right)_T dV \tag{1.64}$$

Il coefficiente di compressibilità isoterma è definito come:

$$\kappa = -\frac{1}{V} \left(\frac{\partial V}{\partial p} \right)_T$$

Ora inserendolo nell'Equazione (1.64) si ottiene:

$$dV = -\kappa \cdot V \cdot dp = -\frac{c}{v \cdot p} \cdot (m \cdot v) \cdot = -m \cdot \frac{c}{p} \cdot dp \tag{1.65}$$

Calcolo della pressione finale

Considerando ora la relazione (1.65) nell'integrale (1.63) si ottiene:

$$L_{se} = \int_{V_A}^{V_B} p \, dV = -m \cdot c \int_{p_A}^{p_B} p \frac{1}{p} \, dp = -m \, c \, (p_B - p_A) \tag{1.66}$$

Dall'Equazione (1.66) si ottiene:

$$p_B = p_A - \frac{L_{se}}{c \cdot m} \tag{1.67}$$

Occorre esprimere nel SI le unità di misura:

$$p_A = 2 \text{ atm} = 2 \cdot 101325 \text{ Pa} = 202650 \text{ Pa}$$

$$1 \text{ cm}^3 = (10^{-2})^3 \text{ m}^3 = 10^{-6} \text{ m}^3$$

$c = 6.25 \times 10^{-3} \text{ cm}^3 \text{ g}^{-1}$	$\longmapsto$	$c = 6.25 \times 10^{-6} \text{ m}^3 \text{ kg}^{-1}$

$$1 \text{ g} = 10^{-3} \text{ kg}$$

quindi la pressione (1.67) risulta

$$\boxed{p_B = 202650 - \frac{-1.4 \times 10^3}{6.25 \times 10^{-6} \cdot 25} = 9.16 \text{ MPa}} \tag{1.68}$$

1.5 Determinazione della pressione finale in un riscaldamento dell'acqua

> Per la risoluzione dell'esercizio è necessario conoscere: le equazioni costitutive di calore e lavoro, le sostanze pure liquide, il coefficiente di compressibilità isoterma, coefficiente di dilatazione cubica.

Calcolare la pressione finale a cui si porta un volume $V = 4$ L di acqua, che si trova inizialmente a $p_A = 1.8$ bar e $t_A = 15°$C, quando viene riscaldato fino alla temperatura $t_B = 38°$C, mentre il volume si riduce del 7%. I valori medi dei coefficienti di dilatazione cubica e compressibilità isoterma, supposti mediamente costanti nell'intervallo di temperatura considerato, sono rispettivamente: $\beta = 0.207 \times 10^{-3}$ K^{-1} e $\kappa_T = 45.9 \times 10^{-6}$ bar^{-1}.

************************************** *Soluzione* **************************************

Dati

	Grandezza	Simbolo	Valore Udm
	temperatura	T_A	$(15 + 273.15)$ K
Stato iniziale: **A**	pressione	p_A	1.8×10^5 Pa
	volume	V_A	4×10^{-3} m^3
Stato finale: **B**	temperatura	T_B	$(38 + 273.15)$ K
	variazione di volume	$\Delta V_\%$	-7 %
Coefficienti di	dilatazione cubica	β	0.207×10^{-3} K^{-1}
	compressibilità isoterma	κ_T	45.9×10^{-6} bar^{-1}

I coefficienti di dilatazione cubica e di compressibilità isoterma sono definiti come segue:

$$\beta = \frac{1}{V}\left(\frac{\partial V}{\partial T}\right)_p$$

$$\kappa_T = -\frac{1}{V}\left(\frac{\partial V}{\partial p}\right)_T$$

Differenziando l'espressione della pressione $p(V, T)$:

$$\begin{aligned}
\mathrm{d}p &= \left(\frac{\partial p}{\partial T}\right)_V \mathrm{d}T + \left(\frac{\partial p}{\partial V}\right)_T \mathrm{d}V \\
&= \left(\frac{\partial p}{\partial T}\right)_V \mathrm{d}T - \frac{1}{\kappa_T V} \mathrm{d}V
\end{aligned} \tag{1.69}$$

Calcolo della pressione finale

Ma la variazione di pressione rispetto alla temperatura a volume costante, si può scrivere:

$$\left(\frac{\partial p}{\partial T}\right)_V = -\left(\frac{\partial p}{\partial V}\right)_T \left(\frac{\partial V}{\partial T}\right)_p = \frac{\beta}{\kappa_T} \tag{1.70}$$

Che, sostituita nella Equazione (1.69):

$$\mathrm{d}p = \frac{\beta}{\kappa_T} \mathrm{d}T - \frac{1}{\kappa_T V} \mathrm{d}V \tag{1.71}$$

Integrando tra lo stato iniziale e quello finale l'Equazione (1.71), si ha:

$$\boxed{\begin{aligned}
p_2 &= p_1 + \frac{\beta}{\kappa_T}(T_B - T_A) - \frac{1}{\kappa_T} \ln\left(\frac{(1 + \Delta V_\%) V_A}{V_A}\right) = \\
&= 1.8 + \frac{0.207 \times 10^{-3}}{45.9 \times 10^{-6}} \cdot 23 - \frac{1}{45.9 \times 10^{-6}} \ln(1 - 0.07) = \\
&= 1686.6 \text{ bar}
\end{aligned}} \tag{1.72}$$

1.6 Determinazione della temperatura finale in una trasformazione politropica di un gas ideale

> Per la risoluzione dell'esercizio è necessario conoscere: le equazioni costitutive di calore e lavoro, l'equazione di stato dei gas ideali, le trasformazioni politropiche.

Una massa di ossigeno gassoso viene compressa in un cilindro secondo una trasformazione politropica da $p_A = 1.2$ bar a $p_B = 6.3$ bar. La temperatura iniziale è $t_A = 18°C$, calcolare la temperatura finale nella ipotesi che, istante per istante, il calore scambiato sia pari ad un quarto del lavoro fornito.
Si consideri nullo l'attrito tra cilindro e pistone e l'ossigeno come un gas ideale, con calori specifici costanti.
Si trascuri inoltre la variazione di energia cinetica nel processo.

*********************************** *Soluzione* ***********************************

Dati

- Trasformazione politropica $pV^n = cost \Rightarrow p^{1-n}\,T^n = cost$;
- Lavoro di attrito lineare nullo $L_{att} = 0$ J;
- Variazione di energia cinetica nulla $\Delta E_c = 0$ J;
- Calori specifici non variano durante il processo.

	Grandezza	Simbolo	Valore Udm
Ossigeno: $\mathbf{O_2}$	massa molare	$\mathcal{M}_{O_2}$	32 kg kmol^{-1}
	costante universale	R	8314 J kmol^{-1} K^{-1}
Stato iniziale: $\mathbf{A}$	temperatura	T_A	$(18 + 273.15)$ K
	pressione	p_A	1.2×10^5 Pa
Stato finale: $\mathbf{B}$	pressione	p_B	6.3×10^5 Pa
Politropica	calore scambiato	Q	$Q = \dfrac{L}{4}$

Per il calcolo dell'esponente della politropica vengono proposte due differenti soluzioni: la prima utilizzando unicamente le relazioni costitutive di calore e lavoro, la seconda - più semplice - sfruttando il primo principio della termodinamica (quindi, si avranno gli elementi necessari per approfondirla dopo avere studiato gli argomenti trattati nel Capitolo 2).

Svolgimento A

Nota la formula molecolare dell'ossigeno gassoso è possibile calcolarne la sua massa molare. Inoltre, conoscendo la costante universale dei gas, è possibile calcolare la costante elastica del gas:

$$R^* = \frac{R}{\mathcal{M}_{O_2}} = \frac{8314}{32} = 259.81 \text{ J kg}^{-1}\text{K}^{-1} \tag{1.73}$$

Per un gas biatomico le relazioni per i calori specifici sono le seguenti:

$$
\begin{aligned}
c_p &= \frac{7}{2}\,R^* = 909.34 \text{ J kg}^{-1}\text{K}^{-1} \\
c_v &= \frac{5}{2}\,R^* = 649.53 \text{ J kg}^{-1}\text{K}^{-1}
\end{aligned}
\tag{1.74}
$$

Calcolo del lavoro

$$
\begin{aligned}
l_{se} = l_{se}^s = l_i^{lin} &= \int_{v_A}^{v_B} p\,\mathrm{d}v = \\
&= p_A v_A^n \int_{v_A}^{v_B} v^{-n}\,\mathrm{d}v = \\
&= \frac{p_A v_A^n}{1-n}\left(v_B^{1-n} - v_A^{1-n}\right) = \frac{p_A v_A}{1-n}\left[\left(\frac{v_B}{v_A}\right)^{1-n} - 1\right]
\end{aligned}
\tag{1.75}
$$

Relazione tra calore e lavoro

Considerando la relazione tra calore e lavoro fornita dal testo, questa può essere scritta genericamente, in termini di grandezze specifiche, in forma differenziale come: $\tilde{q} = \alpha \tilde{l} = \alpha\, p\, dv$, con $\alpha = 1/4$. Quindi, dall'equazione costitutiva del calore, in termini di grandezze specifiche, in forma differenziale, si può scrivere:

$$\alpha\, p\, \mathrm{d}v = c_p\, \mathrm{d}T + \lambda_p\, \mathrm{d}p$$
$$\alpha\, p\, \mathrm{d}v = c_v\, \mathrm{d}T + \lambda_v\, \mathrm{d}v \tag{1.76}$$

Per un gas ideale si ha $\lambda_p = -v$, $\lambda_v = p$, per cui si può riscrivere:

$$\alpha\, p\, \mathrm{d}v = c_p\, \mathrm{d}T - v\, \mathrm{d}p$$
$$\alpha\, p\, \mathrm{d}v = c_v\, \mathrm{d}T + p\, \mathrm{d}v \tag{1.77}$$

Attraverso l'equazione di stato dei gas ideali, si può ricavare l'espressione di dv:

$$\mathrm{d}v = \left(\frac{\partial v}{\partial p}\right)_T \mathrm{d}p + \left(\frac{\partial v}{\partial T}\right)_p \mathrm{d}T = -\frac{R^*T}{p^2}\, \mathrm{d}p + \frac{R^*}{p}\, \mathrm{d}T \tag{1.78}$$

E' possibile, quindi, riscrivere la Equazione (1.77):

$$(1 - \alpha)\, v\, \mathrm{d}p = (c_p - \alpha R^*)\, \mathrm{d}T$$
$$(\alpha - 1)\, p\, \mathrm{d}v = c_v\, \mathrm{d}T \tag{1.79}$$

$$\frac{\mathrm{d}T}{\mathrm{d}p} = \frac{(1 - \alpha)\, v}{c_p - \alpha\, R^*}$$
$$\frac{\mathrm{d}T}{\mathrm{d}v} = -(1 - \alpha)\frac{p}{c_v} \tag{1.80}$$
$$\Rightarrow \frac{\mathrm{d}p}{\mathrm{d}v} = -\frac{p}{v}\frac{c_p - \alpha\, R^*}{c_v}$$

Separando le variabili ed integrando:

$$\ln\left(\frac{p_B}{p_A}\right) = \ln\left(\frac{v_A}{v_B}\right)^{\left(\gamma + \frac{\alpha}{c_v} R^*\right)} \tag{1.81}$$
$$p v^n = cost \Rightarrow n = \left(\gamma + \frac{\alpha}{c_v} R^*\right)$$

Calcolo dell'esponente della politropica

Quindi, l'esponente della politropica può essere calcolato:

$$n = \frac{c_p - \alpha\, R^*}{c_v} = \gamma - \alpha(\gamma - 1) = \frac{7}{5} - \frac{1}{4}\left(\frac{7}{5} - 1\right) = 1.300 \tag{1.82}$$

Calcolo della temperatura finale

Quindi, dall'equazione della politropica $p^{1-n}\, T^n = cost$:

$$\boxed{T_B = T_A\left(\frac{p_A}{p_B}\right)^{\frac{1-n}{n}} = 291.15\left(\frac{1.2}{6.3}\right)^{\frac{1-1.3}{1.3}} = 426.88\ \mathrm{K}} \tag{1.83}$$

Osservazioni

Noti l'esponente della politropica e la temperatura finale, si può calcolare il lavoro massico attraverso l'Equazione (1.75):

$$l_i^{lin} = \frac{p_A v_A}{1 - n}\left[\left(\frac{v_B}{v_A}\right)^{1-n} - 1\right] = -117.55 \text{ kJ kg}^{-1}$$

Ricordando che, da testo, si ha $q = \alpha l$:

$$q = \frac{1}{4} l_i^{lin} = -29.387 \text{ kJ kg}^{-1}$$

Svolgimento B

Agli stessi risultati si può giungere, in modo più immediato, utilizzando quanto sviluppato a partire dal Capitolo 2. Infatti, nello specifico caso in esame, si ha un gas ideale all'interno di un sistema chiuso, in cui sono nulli sia il lavoro delle forze di attrito, sia la variazione di energia cinetica; quindi $l_{se} = l_{se}^s = l_i^{lin}$. Essendo un sistema chiuso, il primo principio della termodinamica può essere scritto in forma differenziale come segue (nel secondo passaggio si introducono la relazione che sussiste tra calore e lavoro, fornita dal testo e la definizione di energia interna specifica):

$$\tilde{q} - \tilde{l}_i^{lin} = \mathrm{d}u$$
$$(\alpha - 1)\tilde{l}_i^{lin} = c_v \, \mathrm{d}T$$
$$\tilde{l}_i^{lin} = \frac{c_v}{\alpha - 1}\mathrm{d}T$$

Integrando la relazione in forma differenziale, considerando il gas biatomico e, quindi $c_v = \frac{5}{2}R^*$ si ottiene:

$$l_i^{lin} = \frac{5}{2}\frac{R^*}{(\alpha - 1)}\left(T_B - T_A\right) \tag{1.84}$$

Il lavoro interno lineare specifico può essere calcolato come presentato nello svolgimento precedente Equazione (1.75), attraverso la sua equazione costitutiva:

$$\begin{aligned}
l_{se} = l_{se}^s = l_i^{lin} &= \int_A^B p \, \mathrm{d}v = p_A v_A^n \int_{v_A}^{v_B} v^{-n} \, \mathrm{d}v = \\
&= \frac{p_A v_A^n}{1 - n}\left(v_B^{1-n} - v_A^{1-n}\right) = \frac{p_A v_A}{1 - n}\left[\left(\frac{v_B}{v_A}\right)^{1-n} - 1\right]
\end{aligned} \tag{1.85}$$

L'equazione della trasformazione politropica può essere scritta come: $pv^n = cost$ e, quindi anche $p^{1-n}T^n = cost$ e $Tv^{n-1} = cost$. Dall'ultima relazione scritta:

$$T_A v_A^{n-1} = T_B v_B^{n-1}$$
$$\Rightarrow \left(\frac{v_B}{v_A}\right)^{n-1} = \frac{T_A}{T_B}$$

Per cui, sostituendo nell'espressione ricavata dall'equazione costitutiva del lavoro interno specifico si ha:

$$l_i^{lin} = \frac{p_A v_A}{1-n}\left[\left(\frac{v_B}{v_A}\right)^{1-n} - 1\right] = \frac{p_A v_A}{1-n}\left[\left(\frac{T_B}{T_A}\right) - 1\right] =$$

$$= \frac{R^* T_A}{1-n}\left[\left(\frac{T_B}{T_A}\right) - 1\right] = \frac{R^*}{1-n}\left(T_B - T_A\right)$$

Mettendo a sistema quest'ultima espressione con quella ricavata dal primo principio Equazione(1.84) si ha:

$$\frac{R^*}{1-n}(T_B - T_A) = \frac{5}{2}\frac{R^*}{(\alpha - 1)}(T_B - T_A)$$

$$\frac{2}{5}(\alpha - 1) = 1 - n$$

$$n = 1 - \frac{2}{5}(\alpha - 1) = 1.300$$

Una volta calcolato l'esponente della politropica, lo svolgimento è analogo a quello presentato nello **Svolgimento A**.

1.7 Determinazione dell'indice di una politropica

Per la risoluzione dell'esercizio è necessario conoscere: le equazioni costitutive di calore e lavoro, l'equazione di stato dei gas ideali, le trasformazioni politropiche.

Calcolare l'esponente della trasformazione politropica che si ha nella compressione di una massa di aria che viene compressa tra lo stato a pressione $p_A = 0.80$ bar e temperatura $t_A = 16°C$ e lo stato $p_B = 2.4$ bar e a temperatura $t_B = 145°C$. Calcolare inoltre la variazione di entropia specifica sapendo che la massa molare dell'aria è $\mathcal{M} = 28$ kg kmol^{-1} e che i calori specifici per l'aria possono essere approssimato con quelli di un gas biatomico.

************************************** *Soluzione* **************************************

Dati

	Grandezza	Simbolo	Valore Udm
Aria: O_2	massa molare	$\mathcal{M}_{O_2}$	28 kg kmol^{-1}
	costante universale	R	8314 J kmol^{-1} K^{-1}
	calore specifico a p cost	c_p	$7/2\,R^*$ J kmol^{-1} K^{-1}
	calore specifico a v cost	c_v	$5/2\,R^*$ J kmol^{-1} K^{-1}
Trasformazione politropica	esponente	n	
Stato iniziale: **A**	temperatura	T_A	$(16 + 273.15)$ K
	pressione	p_A	0.80×10^5 Pa
Stato finale: **B**	pressione	p_B	2.4×10^5 Pa
	temperatura	T_B	$(145 + 273.15)$ K

Calcolo dell'esponente della politropica

La relazione che sussiste tra pressione e temperatura (trasformazione politropica):

$$pv^n = cost \Rightarrow Tp^{\frac{1-n}{n}} = cost \tag{1.86}$$

$$T_A\, p_A^{\frac{1-n}{n}} = T_B\, p_B^{\frac{1-n}{n}}$$

$$\ln\left(\frac{T_A}{T_B}\right) = \frac{n-1}{n} \cdot \ln\left(\frac{p_A}{p_B}\right)$$

$$\boxed{n = \frac{\ln\left(\frac{p_A}{p_B}\right)}{\ln\left(\frac{p_A}{p_B}\right) - \ln\left(\frac{T_A}{T_B}\right)} = \frac{\ln\left(\frac{0.80}{2.4}\right)}{\ln\left(\frac{0.80}{2.4}\right) - \ln\left(\frac{289.15}{418.15}\right)} = 1.506}$$

2

I Sistemi Chiusi

I concetti dalla teoria

Per un qualsiasi sistema termodinamico, ivi compresi quelli chiusi, è possibile applicare il primo e secondo principio della termodinamica, nella loro formulazione generale.

Il primo principio della termodinamica

In un processo ciclico $\mathbb{C}$ il lavoro scambiato con l'esterno è pari al calore scambiato:

$$Q(\mathbb{C}) = L_{se}(\mathbb{C})$$
$$Q(\mathbb{C}) - L_{se}(\mathbb{C}) = 0 \tag{2.1}$$

$$\oint \tilde{Q} = \oint \tilde{L}_{se} \Rightarrow \oint \left(\tilde{Q} - \tilde{L}_{se} \right) = 0$$
$$\oint \left[\Phi(t) - W_{se}(t) \right] \mathrm{d}t = 0 \tag{2.2}$$

La differenza tra calore e lavoro scambiati con l'esterno lungo un processo qualsiasi dipende unicamente dagli stati estremi e non dalla trasformazione che congiunge questi stati. Si tratta, quindi, di un differenziale esatto.

Per un processo non ciclico, quindi, si può scrivere:

$$\tilde{Q} - \tilde{L}_{se} = \mathrm{d}E_{tot}$$
$$\int_{\tau} \left[\Phi(t) - W_{se}(t) \right] \mathrm{d}t = \Delta E_{tot}$$
$$Q(\mathbf{P}) - L_{se}(\mathbf{P}) = \Delta E_{tot} \tag{2.3}$$
$$\Phi(t) - W_{se}(t) = \frac{\mathrm{d}E_{tot}}{\mathrm{d}t}$$

Introducendo in teorema dell'energia cinetica Equazione (1.16), è possibile introdurre una nuova grandezza di stato: l'energia interna U

$$Q(\mathbf{P}) - L_{se}(\mathbf{P}) = \Delta E_{tot}$$
$$Q(\mathbf{P}) - L_i(\mathbf{P}) = \Delta E_{tot} - \Delta E_c = \Delta U$$

© Springer-Verlag Italia 2022
R. Borchiellini et al., *Esercizi di Termodinamica Applicata*,
https://doi.org/10.1007/978-88-470-4016-8_2

$$Q(\mathbf{P}) - L_{se}(\mathbf{P}) = \Delta U + \Delta E_c$$
$$Q(\mathbf{P}) - L_{se}^s(\mathbf{P}) = \Delta U + \Delta E_c + \Delta E_p \qquad (2.4)$$
$$Q(\mathbf{P}) - L_i^{lin}(\mathbf{P}) + L_{att}(\mathbf{P}) = \Delta U$$

Per un **fluido omogeneo**:

$$Q(\mathbf{P}) - \int_\Gamma p \, \mathrm{d}V + L_{att}(\mathbf{P}) = \Delta U$$
$$\Phi(t) - W_{se}^s(t) = \frac{\mathrm{d}U}{\mathrm{d}t} + \frac{\mathrm{d}E_c}{\mathrm{d}t} + \frac{\mathrm{d}E_p}{\mathrm{d}t} \qquad (2.5)$$

Per un **fluido omogeneo semplice non viscoso**:

$$Q(\mathbf{P}) - \int_\Gamma p \, \mathrm{d}V = \Delta U$$
$$\Phi - p\frac{\mathrm{d}V}{\mathrm{d}t} = \frac{\mathrm{d}U}{\mathrm{d}t} \qquad (2.6)$$

Sintetizzando le equazioni che si possono adottare nei calcoli di primo principio, per i sistemi chiusi:

Energia	Potenza
$Q - L_{se} = \Delta E_{tot} = \Delta U + \Delta E_c$ $\Phi - W_{se} = \frac{\mathrm{d}E_{tot}}{\mathrm{d}t} = \frac{\mathrm{d}U}{\mathrm{d}t} + \frac{\mathrm{d}E_c}{\mathrm{d}t}$	
$Q - L_i = \Delta U$ $\Phi - W_i = \frac{\mathrm{d}U}{\mathrm{d}t}$	
Se le forze di massa ammettono potenziale	
$Q - L_{se}^s = \Delta U + \Delta E_c + \Delta E_p$ $\Phi - W_{se}^s = \frac{\mathrm{d}U}{\mathrm{d}t} + \frac{\mathrm{d}E_c}{\mathrm{d}t} + \frac{\mathrm{d}E_p}{\mathrm{d}t}$	
Se il fluido è omogeneo	
$Q - \int_\Gamma p \, \mathrm{d}V + L_{att} = \Delta U$ $\Phi - p\frac{\mathrm{d}V}{\mathrm{d}t} + W_{att} = \frac{\mathrm{d}U}{\mathrm{d}t}$	
Se il fluido è omogeneo semplice non viscoso	
$Q - \int_\Gamma p \, \mathrm{d}V = \Delta U$ $\Phi - p\frac{\mathrm{d}V}{\mathrm{d}t} = \frac{\mathrm{d}U}{\mathrm{d}t}$	

Energia interna

Per un **fluido omogeneo**:

$$U = U(p, T) \qquad u = u(p, T)$$
$$U = U(V, T) \qquad u = u(v, T) \qquad (2.7)$$
$$U = U(p, V) \qquad u = u(p, v)$$

Espressione differenziale dell'energia interna della seconda equazione in forma specifica:

$$\mathrm{d}u = \left(\frac{\partial u}{\partial T}\right)_v \mathrm{d}T + \left(\frac{\partial u}{\partial v}\right)_T \mathrm{d}v \qquad (2.8)$$

Il calore specifico a volume costante:

$$c_v = \left(\frac{\partial u}{\partial T}\right)_v \qquad (2.9)$$

Per cui:

$$\mathrm{d}u = c_v \, \mathrm{d}T + \left(\frac{\partial u}{\partial v}\right)_T \mathrm{d}v \tag{2.10}$$

Se $v = cost \Rightarrow \mathrm{d}u = c_v \, \mathrm{d}T$.

Se $v = cost$ ed il fluido è **omogeneo semplice e non viscoso**:

$$\tilde{Q} = \Phi(t) \, \mathrm{d}t = \mathrm{d}U = m \, c_v \, \mathrm{d}T \qquad \tilde{q} = \mathrm{d}u = c_v \, \mathrm{d}T \tag{2.11}$$

Per i **gas ideali**:

$$U = U(T) \qquad u = u(T) \tag{2.12}$$

Entalpia

Per un **fluido omogeneo** $H = U + pV$:

$$\begin{aligned}
H &= H(p, T) & h &= h(p, T) \\
H &= H(p, V) & h &= h(p, v) \\
H &= H(V, T) & h &= h(v, T)
\end{aligned} \tag{2.13}$$

Espressione differenziale dell'entalpia specifica interna (prima relazione):

$$\mathrm{d}h = \left(\frac{\partial h}{\partial T}\right)_p \mathrm{d}T + \left(\frac{\partial h}{\partial p}\right)_T \mathrm{d}p \tag{2.14}$$

Il calore specifico a pressione costante:

$$c_p = \left(\frac{\partial h}{\partial T}\right)_p \tag{2.15}$$

Per cui:

$$\mathrm{d}h = c_p \, \mathrm{d}T + \left(\frac{\partial h}{\partial p}\right)_T \mathrm{d}p \tag{2.16}$$

Se $p = cost \Rightarrow dh = c_p \, dT$.

Se $p = cost$ ed il fluido è **omogeneo semplice e non viscoso**:

$$\begin{aligned}
&\tilde{Q} - p \, \mathrm{d}V = \mathrm{d}U \Rightarrow \tilde{Q} - p \, \mathrm{d}V + \mathrm{d}(pV) = \mathrm{d}U + \mathrm{d}(pV) \\
&\Rightarrow \tilde{Q} + V \, \mathrm{d}p = \mathrm{d}H \Rightarrow \tilde{Q} = C_p \, \mathrm{d}T \\
&\tilde{q} - p \, \mathrm{d}V = \mathrm{d}u \Rightarrow \tilde{q} + v \, \mathrm{d}p = \mathrm{d}h \Rightarrow \tilde{q} = c_p \, \mathrm{d}T
\end{aligned} \tag{2.17}$$

Per i **gas ideali**:

$$H = H(T) \qquad h = h(T) \tag{2.18}$$

Termostato

Il termostato è un sistema in grado di mantenere la sua temperatura costante, pur scambiando calore con altri sistemi. Si tratta di un sistema ideale, in cui tutte le trasformazioni sono reversibili.

Il secondo principio della termodinamica

Per un processo reversibile, sia il sistema sia l'ambiente esterno, possono essere riportati ai loro stati iniziali. Quindi, le quantità di calore e lavoro scambiate durante il processo sono uguali ma opposte in segno a quelli della trasformazione inversa.

Si ha, allora, per qualsiasi processo irreversibile, una sua traccia nell'universo. Ciò che porta ad una trasformazione irreversibile sono i disequilibri presenti all'interno di un sistema e gli effetti dissipativi.

Si tratta di irreversibilità interne quando all'interno del sistema termodinamico considerato sono presenti fenomeni dissipativi (es: attrito viscoso) ed irreversibilità esterne quelle causate dall'interazione del sistema con l'ambiente esterno (es. scambio di calore).

Espressione del secondo principio, disuguaglianza di Clausius:

$$\frac{\mathrm{d}S}{\mathrm{d}t} \geq \frac{\Phi(t)}{T} \qquad \mathrm{d}S \geq \frac{\tilde{Q}}{T} \qquad \Delta S \geq \int_{\tau} \frac{\Phi(t)}{T}\,\mathrm{d}t$$
$$\frac{\mathrm{d}s}{\mathrm{d}t} \geq \frac{\varphi(t)}{T} \qquad \mathrm{d}s \geq \frac{\tilde{q}}{T} \qquad \Delta s \geq \int_{\tau} \frac{\varphi(t)}{T}\,\mathrm{d}t \tag{2.19}$$

Da cui:

$$\frac{\mathrm{d}S}{\mathrm{d}t} = \frac{\Phi(t)}{T} + \Sigma_{irr} \qquad\qquad \frac{\mathrm{d}s}{\mathrm{d}t} = \frac{\varphi(t)}{T} + \sigma_{irr}$$
$$\mathrm{d}S = \frac{\tilde{Q}}{T} + \tilde{S}_{irr} \qquad\qquad \mathrm{d}s = \frac{\tilde{q}}{T} + \tilde{s}_{irr} \tag{2.20}$$
$$\Delta S = \int_{\tau} \frac{\Phi(t)}{T}\,\mathrm{d}t + S_{irr} \qquad \Delta s = \int_{\tau} \frac{\varphi(t)}{T}\,\mathrm{d}t + s_{irr}$$

L'entropia risulta essere una funzione di stato. Quindi, è definita a meno di una costante. Per calcolare l'entropia occorre, quindi, fissare uno stato di riferimento, imponendo che in corrispondenza di questo la funzione risulti arbitrariamente nulla. Inoltre, si deduce come per un processo adiabatico l'entropia cresca sempre.

Se si prende il sistema termodinamico Universo (Uni), considerando che questo è sicuramente adiabatico ($\Phi(t) = 0$ W), per cui dalla disuguaglianza di Clausius (Equazione (2.19)):

$$\Delta S_{Uni} \geq 0 \tag{2.21}$$

in cui il simbolo di uguaglianza vale solo per i sistemi reversibili. Quindi, una trasformazione adiabatica reversibile è sempre isoentropica (non vale il viceversa).

Formulazione di Kelvin-Plank:

$$\Phi(t) \leq T(t)\,\frac{\mathrm{d}S(t)}{\mathrm{d}t}$$
$$Q(\mathbf{P}) \leq \int_{\Gamma} T\,\mathrm{d}S \tag{2.22}$$

Da qui, considerando un sistema isotermo:

$$\Delta S = S_2 - S_1 \geq \int_{\Gamma} \frac{\tilde{Q}}{T} = \frac{Q}{T}$$
$$T(S_2 - S_1) \geq Q \tag{2.23}$$

Ovvero, il calore scambiato lungo una trasformazione isoterma è sempre minore, o al più uguale, al prodotto della temperatura (costante), e la differenza di entropia tra gli estremi della trasformazione.

Le equazioni di Gibbs

Considerando un fluido omogeneo non viscoso per cui vale $\tilde{Q} - p\,dV = dU$, la variazione di entropia per il fluido è $dS = \dfrac{\tilde{Q}}{T}$, per cui si può scrivere la prima equazione di Gibbs:

$$T\,\mathrm{d}S = \mathrm{d}U + p\,\mathrm{d}V \tag{2.24}$$

Mentre, la seconda equazione di Gibbs è:

$$\begin{aligned} T\,\mathrm{d}S &= \mathrm{d}U + p\,\mathrm{d}V = \mathrm{d}U + p\,\mathrm{d}V + \mathrm{d}(p\,V) - \mathrm{d}(p\,V) \\ T\,\mathrm{d}S &= \mathrm{d}H - V\,\mathrm{d}p \end{aligned} \tag{2.25}$$

Le equazioni di Gibbs, scritte in forma specifica differenziale:

$$\begin{aligned} T\,\mathrm{d}s &= \mathrm{d}u + p\,\mathrm{d}v \\ T\,\mathrm{d}s &= \mathrm{d}h - v\,\mathrm{d}p \end{aligned} \tag{2.26}$$

Le equazioni di Gibbs per un gas ideale

$$\mathrm{d}s = \frac{c_v\,\mathrm{d}T}{T} + \frac{p}{T}\,\mathrm{d}v = c_v\frac{\mathrm{d}T}{T} + R^*\frac{\mathrm{d}v}{v} \tag{2.27}$$

$$\mathrm{d}s = \frac{c_p\,\mathrm{d}T}{T} + \frac{v}{T}\,\mathrm{d}p = c_p\frac{\mathrm{d}T}{T} - R^*\frac{\mathrm{d}p}{p} \tag{2.28}$$

che, integrate diventano:

$$\Delta s = s_2 - s_1 = c_v \ln\left(\frac{T_2}{T_1}\right) + R^* \ln\left(\frac{v_2}{v_1}\right) \tag{2.29}$$

$$\Delta s = s_2 - s_1 = c_p \ln\left(\frac{T_2}{T_1}\right) - R^* \ln\left(\frac{p_2}{p_1}\right) \tag{2.30}$$

Miscele liquido vapore

In natura, ogni sostanza, in funzione dei valori che assumono le coordinate termodinamiche, può trovarsi in stato di:

- Solido;
- Liquido;
- Aeriforme:
  - Vapore surriscaldato: se $T < T_{cr}$;
  - Gassoso: se $T > T_{cr}$;

Si ricorda come la transizione liquido-vapore sia una trasformazione isotermobarica.

Il *titolo* del vapore è una grandezza adimensionale che caratterizza una miscela liquido-vapore durante il passaggio di stato ed è definita come segue:

$$x = \frac{m_{vap}}{m_{tot}} = \frac{m_{vap}}{m_l + m_{vap}} \qquad 0 \le x \le 1 \tag{2.31}$$

Quando $x = 0$ nella miscela si ha solo liquido saturo (condizioni di incipiente evaporazione, curva limite inferiore), mentre quando $x = 1$ nella miscela si ha solo vapore saturo secco (curva limite superiore), come mostrato in figura.

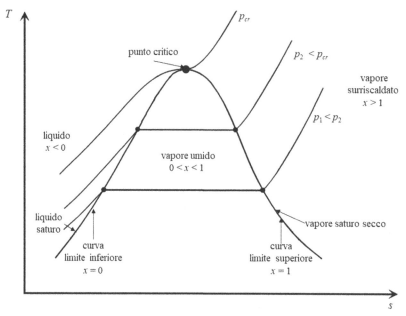

Attraverso il titolo, è possibile calcolare, per ogni grandezza estensiva, il valore medio riferito alla massa totale della miscela di liquido e vapore durante il cambiamento di stato, noti i valori per liquido saturo e vapore saturo secco. Considerando le grandezze estensive, quindi, si può scrivere:

$$V_{tot} = V_l + V_{vap} \Rightarrow m_{tot} \cdot v_{tot} = m_l \cdot v_l + m_{vap} \cdot v_{vap}$$

$$v = v_x = v_{tot} = \frac{m_l \cdot v_l + m_{vap} \cdot v_{vap}}{m_{tot}} = \frac{m_l}{m_{tot}} v_l + \frac{m_{vap}}{m_{tot}} v_{vap} =$$

$$= (1 - x) \cdot v_l + x \cdot v_{vap} \tag{2.32}$$

$$\text{da cui: } x = \frac{v - v_l}{v_{vap} - v_l}$$

Analogamente si ha:

$$h = h_{tot} = (1 - x) \cdot h_l + x \cdot h_{vap}$$

$$u = u_{tot} = (1 - x) \cdot u_l + x \cdot u_{vap} \tag{2.33}$$

$$s = s_{tot} = (1 - x) \cdot s_l + x \cdot s_{vap}$$

Affinché un fluido passi dallo stato di liquido saturo ($x = 0$), allo stato di vapore saturo secco ($x = 1$), o viceversa, è necessario fornire o sottrarre una determinata quantità di calore lungo la trasformazione isotermobarica. Questo calore, espresso per unità di massa, corrisponde al calore latente r:

- Di vaporizzazione, quando si passa da titolo $x_{ini} = 0$ a $x_{fin} = 1$;
- Di condensazione, quando si passa da titolo $x_{ini} = 1$ a $x_{fin} = 0$;

Osservazione: i valori delle grandezze caratteristiche del vapore d'acqua a cui si fa riferimento negli esercizi di tutto il testo sono tratti da [8].

2.1 Calcolo del lavoro su una isoterma

Per la risoluzione dell'esercizio è necessario conoscere: le trasformazioni, l'entalpia, le equazioni costitutive.

Si consideri 1 kg di elio ($R^* = 2076.9$ J kg^{-1} K^{-1}), alla temperatura di 300 K, ed alla pressione $p_1 = 101325$ Pa. Il gas è sottoposto ad una espansione isoterma fino ad una pressione pari alla metà di quella iniziale. Calcolare la variazione di entalpia. Si consideri la seguente equazione di stato:

$$v = \frac{R^* T}{p} + b - \frac{a}{R^* T}$$

con $a = 222$ J m^3 kg^{-2} e $b = 5.98 \times 10^{-3}$ m^3 kg^{-1} costanti.

*************************************** **Soluzione** ***************************************

Dati

	Grandezza	Simbolo	Valore	Udm
	costante elastica	R^*_{He}	2079.9	J kg^{-1} K^{-1}
Elio: **He** costanti	a		222	J m^3 kg^{-2}
	b		$5.98 \cdot 10^{-3}$	m^3 kg^{-1}
Stato iniziale: **1**	temperatura	T_1	300	K
	pressione	p_1	101325	Pa
Stato finale: **2**	temperatura	$T_2 = T_1$	300	K
	pressione	p_2	$p_2 = p_1/2$	Pa

La variazione di entalpia, in forma differenziale, nelle variabili p e T, si può scrivere come segue:

$$\mathrm{d}h = \left(\frac{\partial h}{\partial p}\right)_T \mathrm{d}p + \left(\frac{\partial h}{\partial T}\right)_p \mathrm{d}T \qquad (2.34)$$

Per una trasformazione isoterma si ha: $\mathrm{d}T = 0$, per cui la variazione di entalpia, dalla Eq.(2.34) si riduce a:

$$\mathrm{d}h = \left(\frac{\partial h}{\partial p}\right)_T \mathrm{d}p$$

Dove:

$$\left(\frac{\partial h}{\partial p}\right)_T = \lambda_p + v$$

e

$$\lambda_p = \frac{\lambda_v}{\left(\dfrac{\partial p}{\partial v}\right)_T}$$

con

$$\lambda_v = T\left(\frac{\partial p}{\partial T}\right)_v$$

Per cui:

$$\lambda_p = T\left(\frac{\partial v}{\partial p}\right)_T\left(\frac{\partial p}{\partial T}\right)_v \tag{2.35}$$

Inoltre:

$$\left(\frac{\partial p}{\partial T}\right)_v = -\left(\frac{\partial p}{\partial v}\right)_T\left(\frac{\partial v}{\partial T}\right)_p$$

Sostituendo in Eq. (2.35):

$$\lambda_p = -T\left(\frac{\partial v}{\partial T}\right)_p$$

$$\left(\frac{\partial h}{\partial p}\right)_T = -T\left(\frac{\partial v}{\partial T}\right)_p + v$$

$$\Rightarrow \mathrm{d}h = \left[v - T\left(\frac{\partial v}{\partial T}\right)_p\right]\mathrm{d}p$$

Dall'equazione di stato, la derivata parziale è:

$$\left(\frac{\partial v}{\partial T}\right)_p = \frac{R^*}{p} + \frac{a}{R^*T^2}$$

Sostituendo nella precedente equazione sia v sia $\left(\frac{\partial v}{\partial T}\right)_p$:

$$\mathrm{d}h = \left(b - \frac{2a}{R^*T}\right)\mathrm{d}p$$

Integrando quest'ultima:

$$\Delta h = \left(b - \frac{2a}{R^*T}\right)(p_2 - p_1)$$

e, sostituendo con i valori numerici, risulta:

$$\boxed{\begin{aligned}\Delta h &= \left(b - \frac{2a}{R^*T}\right)(p_2 - p_1) = \\ &= \left(5.98 \cdot 10^{-3} - \frac{2 \cdot 222}{300 \cdot 2076.9}\right)(50663 - 101325) = \\ &= -50.55 \ \mathrm{kJ\,kg^{-1}}\end{aligned}}$$

2.2 Scambio di calore tra due termostati

Per la risoluzione dell'esercizio è necessario conoscere: il secondo principio della termodinamica.

Si considerino due termostati, rispettivamente a temperatura (assoluta) T_A e T_B, dove $T_A > T_B$ che si scambiano tra loro una quantità di calore Q. Calcolare le irreversibilità generate nel processo.

Considerare la quantità di calore scambiato 2 MJ, e le temperature dei termostati:

- Termostato A: 530°C;
- Termostato B: 320°C

************************************ *Soluzione* ************************************

Dati

Grandezza	Simbolo	Valore	Udm
Termostato **A** temperatura	T_A	$(530 + 273.15)$	K
Termostato **B** temperatura	T_B	$(320 + 273.15)$	K
calore	Q	2×10^6	J

Schema del sistema

Sistema + Ambiente

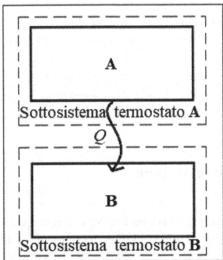

Considerando il macrosistema costituito da entrambi i termostati che scambiano calore si nota come questo costituisca un sistema isolato. Sfruttando la proprietà additiva dell'entropia si può scrivere:

$$\Delta S_{Uni} = \Delta S_{T_A} + \Delta S_{T_B} \geq 0 \tag{2.36}$$

Essendo i termostati sistemi isotermi, supposti reversibili per definizione, si ha per ogni termostato $\tilde{S}_{irrA} = \tilde{S}_{irrB} = \tilde{S}_{irr} = 0\,\mathrm{J\,K^{-1}}$:

$$dS = \frac{\tilde{Q}}{T} + \tilde{S}_{irr} = \frac{\tilde{Q}}{T}$$

$$\Delta S_A = -\frac{|Q|}{T_A} < 0 \tag{2.37}$$

$$\Delta S_B = \frac{|Q|}{T_B} > 0$$

inoltre si ha $|\Delta S_B| > |\Delta S_A|$

Da cui:

$$\Delta S_{Uni} = \Delta S_{T_A} + \Delta S_{T_B} = -\frac{|Q|}{T_A} + \frac{|Q|}{T_B}$$

$$= |Q|\left(\frac{1}{T_B} - \frac{1}{T_A}\right) > 0 \tag{2.38}$$

Sostituendo i valori numerici:

$$\boxed{\begin{aligned}
\Delta S_{Uni} = \Delta S_{T_A} + \Delta S_{T_B} &= \\
= |Q|\left(\frac{1}{T_B} - \frac{1}{T_A}\right) &= \\
= |2 \cdot 10^6|\left(\frac{1}{593.15} - \frac{1}{803.15}\right) &= \\
= 881.6\,\mathrm{J\,K^{-1}}
\end{aligned}}$$

Ciò evidenzia come, lo scambio termico (con una differenza finita di temperatura) di per sé sia un'operazione irreversibile (irreversibilità esterne), anche se compiuta da macchine reversibili, come i termostati.

Osservazione: un processo con $\Delta S_{Uni} < 0\,\mathrm{J\,K^{-1}}$ risulterebbe impossibile.

2.3 Espansione adiabatica irreversibile

Per la risoluzione dell'esercizio è necessario conoscere: le equazioni costitutive di calore e lavoro, il teorema dell'energia cinetica, le trasformazioni, il primo ed il secondo principio della termodinamica.

Un gas, contenuto all'interno di un sistema cilindro-pistone adiabatico, inizialmente si trova alla pressione $p_A = 1.2$ MPa ed al volume $V_A = 1.1$ m^3. Il gas, espande irreversibilmente fino alla pressione $p_B = 210$ kPa, ed al volume $V_B = 3.3$ m^3. La trasformazione, sul piano p-V, può essere rappresentata da una retta. Inoltre, si conosce il lavoro fatto sull'esterno è $L_{se} = 314$ kJ. Si calcolino:

1. La variazione di energia interna (ΔU);
2. Il lavoro delle forze interne lineare (L_i^{lin});
3. Il lavoro di attrito (L_{att}).

*********************************** *Soluzione* ***********************************

Dati

- Adiabatica: $Q = 0$ J ed irreversibile;
- Lavoro del sistema sull'esterno: $L_{se} = 314$ kJ;
- Relazione lineare tra pressione e volume.

	Grandezza	Simbolo	Valore	Unità di misura
Stato iniziale: A	pressione	p_A	1.2	MPa
	volume	V_A	1.1	m^3
Stato finale: B	pressione	p_B	210	kPa
	volume	V_B	3.3	m^3

Calcolo del lavoro interno e del lavoro di attrito

Scrivendo il teorema dell'energia cinetica, si ha:

$$\Delta E_c = L_{es} + L_i \tag{2.39}$$

Il lavoro interno può essere scomposto e scritto come la differenza tra il lavoro interno lineare ed il lavoro di attrito:

$$L_i = L_i^{lin} - L_{att} \tag{2.40}$$

Per cui, mettendo a sistema l'Eq.(2.39) e l'Eq.(2.40), si ha:

$$\Delta E_c = L_{es} + L_i = -L_{se} + L_i^{lin} - L_{att} \tag{2.41}$$

Considerando che la variazione di energia cinetica nel caso in analisi è nulla, si ha:

$$L_{att} = -L_{se} + L_i^{lin} \tag{2.42}$$

Il lavoro interno lineare è dato da:

$$L_i^{lin} = \int_{V_A}^{V_B} p \, dV \tag{2.43}$$

Il testo indica come si tratti di una trasformazione irreversibile. Inoltre, suggerisce come, in questo caso, nel piano $p - V$, possa essere rappresentata attraverso una relazione lineare tra le due variabili. Si potrà, quindi, scrivere:

$$\frac{p_A - p_B}{V_B - V_A} = \frac{p - p_B}{V_B - V}$$

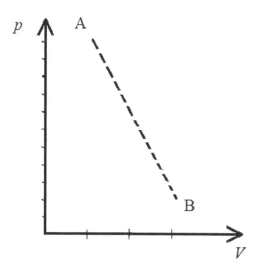

$$p = p_B + \frac{p_A - p_B}{V_B - V_A} \cdot (V_B - V) \qquad (2.44)$$

Inserendo la relazione ottenuta della pressione in funzione del volume Eq.(2.44) in E.(2.43)si ha:

$$
\begin{aligned}
L_i^{lin} &= \int_{V_A}^{V_B} \left(p_B + \frac{p_A - p_B}{V_B - V_A} \cdot (V_B - V) \right) \mathrm{d}V = \\
&= \left[p_B + \frac{p_A - p_B}{V_B - V_A} \cdot V_B \right] (V_B - V_A) - \frac{1}{2}(p_A - p_B)(V_B + V_A) = \\
&= \frac{1}{2}(p_A + p_B)(V_B - V_A) = \\
&= \frac{1}{2}(1.2 \cdot 10^3 + 210)(3.3 - 1.1) = \\
&= 1551 \text{ kJ}
\end{aligned}
$$

Sostituendo i valori numerici, è possibile calcolare il lavoro d'attrito dall'Eq.(2.42):

$$
\begin{aligned}
L_{att} &= L_i^{lin} - L_{se} = \\
&= 1551 - 314 = 1237 \text{ kJ}
\end{aligned}
$$

Calcolo della variazione di energia interna

Applicando il primo principio della termodinamica al sistema in analisi è possibile calcolare la variazione di energia interna:

$$Q - L_{se} = \Delta U + \Delta E_c \qquad (2.45)$$

Da cui, con le considerazioni viste precedentemente, si ha:

$$\Delta U = -L_{se} = -314 \text{ kJ}$$

2.4 Variazione di entropia, trasformazione politropica

> Per la risoluzione dell'esercizio è necessario conoscere: le equazioni costitutive di calore e lavoro, l'equazione di stato dei gas ideali, le trasformazioni politropiche, il secondo principio della termodinamica.

Valutare la variazione di entropia specifica dell'Esercizio 1.7 sapendo che la massa molare dell'aria è $\mathcal{M} = 28$ kg kmol^{-1} e che i calori specifici per l'aria possono essere approssimato con quelli di un gas biatomico.

** *Soluzione* **

Dati

	Grandezza	Simbolo	Valore Udm
Aria: **O$_2$**	massa molare	$\mathcal{M}_{O_2}$	28 kg kmol^{-1}
	costante universale	R	8314 J kmol^{-1} K^{-1}
	calore specifico a p cost	c_p	$7/2\, R^*$ J kmol^{-1} K^{-1}
	calore specifico a v cost	c_v	$5/2\, R^*$ J kmol^{-1} K^{-1}
Trasformazione politropica	esponente	n	
Stato iniziale: **A**	temperatura	T_A	$(16 + 273.15)$ K
	pressione	p_A	0.80×10^5 Pa
Stato finale: **B**	pressione	p_B	2.4×10^5 Pa
	temperatura	T_B	$(145 + 273.15)$ K

Calcolo della variazione di entropia specifica

La variazione di entropia specifica può essere calcolata dalla relazione:

$$\Delta s = c_p \ln\left(\frac{T_B}{T_A}\right) - R^* \ln\left(\frac{p_B}{p_A}\right) \tag{2.46}$$

E' possibile calcare la costante elastica e le relazioni dei gas biatomici per il calore specifico a pressione costante:

$$R^* = \frac{R}{\mathcal{M}} = \frac{8314}{28} = 297 \text{ J kg}^{-1} \text{ K}^{-1}$$

$$c_p = \frac{7}{2}R^* = 1039 \text{ J kg}^{-1} \text{ K}^{-1}$$

Per cui, sostituendo nella Equazione (2.46):

$$\boxed{\Delta s = 1039 \ln\left(\frac{418.15}{289.15}\right) - 297 \ln\left(\frac{2.4}{0.80}\right) = 57.2 \text{ J kg}^{-1} \text{ K}^{-1}}$$

2.5 Miscelamento adiabatico di due masse di acqua

> Per la risoluzione dell'esercizio è necessario conoscere: le trasformazioni, le sostanze pure, il primo ed il secondo principio della termodinamica.

Un contenitore rigido è diviso in due volumi differenti da un setto estraibile. In ognuno di essi è contenuta una massa di acqua, rispettivamente di $m_1 = 45$ kg e $m_2 = 125$ kg. Le due masse si trovano alle temperature $t_1 = 75.0$ °C e $t_2 = 43.0$ °C. Estraendo il setto divisorio, le due masse di acqua vengono miscelate adiabaticamente. Calcolare la variazione di entropia dell'universo. Si consideri il calore specifico dell'acqua pari a $4186 \, \mathrm{J \, kg^{-1} \, K^{-1}}$.

*************************************** *Soluzione* ***************************************

Dati

- Miscelazione adiabatica: $Q = 0$ J;
- Calore specifico dell'acqua: $c_{\mathrm{H_2O}} = 4186 \, \mathrm{J \, kg^{-1} \, K^{-1}}$.

	Grandezza	Simbolo	Valore	Unità di misura
Massa 1	massa	m_1	45	kg
	temperatura iniziale	$t_1 \mapsto T_1$	$(75.0 + 273.15)$	K
Massa 2	massa	m_2	125	kg
	temperatura iniziale	$t_2 \mapsto T_2$	$(43.0 + 273.15)$	K

Schema del sistema

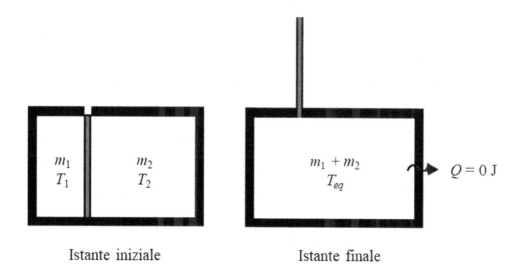

Istante iniziale   Istante finale

Calcolo della temperatura all'equilibrio

Dal primo principio della termodinamica è possibile valutare la temperatura all'equilibrio delle due masse d'acqua:

$$Q - L_i = \Delta U = m_1\, c_{H_2O}(T_{eq} - T_1) + m_2\, c_{H_2O}(T_{eq} - T_2)$$
$$0 = m_1\, c_{H_2O}(T_{eq} - T_1) + m_2\, c_{H_2O}(T_{eq} - T_2)$$
$$\Rightarrow T_{eq} = \frac{c_{H_2O} \cdot (m_1\, T_1 + m_2\, T_2)}{c_{H_2O} \cdot (m_1 + m_2)}$$

(2.47)

$$\boxed{T_{eq} = \frac{45 \cdot 75.0 + 125 \cdot 43.0}{45 + 125} = 51.5\ °C = 324.62\ K}$$

Calcolo della variazione di entropia dell'universo

La variazione di entropia dell'universo, essendo la trasformazione adiabatica, corrisponde alla variazione di entropia delle due masse d'acqua:

$$\Delta S_{Uni} = S_{irr} = \Delta S_1 + \Delta S_2$$

(2.48)

Integrando l'equazione in forma differenziale si ricava l'espressione per la variazione di entropia per una trasformazione isobara:

$$dS = C\,\frac{dT}{T} \Rightarrow \Delta S = C \ln\left(\frac{T_{fin}}{T_{in}}\right)$$

(2.49)

$$\Delta S_1 = m_1\, c_{H_2O} \ln\left(\frac{T_{eq}}{T_1}\right) = 45 \cdot 4186 \ln\left(\frac{324.62}{384.15}\right) = -13181\ J\,K^{-1}$$

$$\Delta S_2 = m_2\, c_{H_2O} \ln\left(\frac{T_{eq}}{T_2}\right) = 125 \cdot 4186 \ln\left(\frac{324.62}{316.15}\right) = 13835\ J\,K^{-1}$$

Quindi, dalla Eq.(2.48):

$$\boxed{\Delta S_{Uni} = m_1\, c_{H_2O} \ln\left(\frac{T_{eq}}{T_1}\right) + m_2\, c_{H_2O} \ln\left(\frac{T_{eq}}{T_2}\right) = 654\ J\,K^{-1} > 0}$$

2.6 Variazione di entropia durante la solidificazione dell'acqua

Per la risoluzione dell'esercizio è necessario conoscere: le sostanze pure, i cambiamenti di fase, il secondo principio della termodinamica.

Una massa $m = 200$ g di acqua a temperatura $t_1 = 45.0°C$ è trasformata a pressione atmosferica in ghiaccio alla temperatura $t_2 = -18.0°C$. Si calcoli la variazione di entropia del sistema, nell'ipotesi che il calore specifico dell'acqua liquida resti costante e pari a $c_{H_2O} = 4200$ J kg^{-1} K^{-1}, che il calore specifico del ghiaccio sia $c_g = 2100$ J kg^{-1} K^{-1} e che il calore di fusione del ghiaccio a 0 °C sia $r_g = 335$ kJ kg^{-1}.

*********************************** *Soluzione* ***********************************

Dati

	Grandezza	Simbolo	Valore Unità di misura
	massa	m	200×10^{-3} kg
Stato liquido	calore specifico	c_{H_2O}	4200 J kg^{-1} K^{-1}
	temperatura iniziale	$t_1 \mapsto T_1$	$(45.0 + 273.15)$ K
Stato solido	calore specifico	c_g	2100 J kg^{-1} K^{-1}
	calore latente di fusione (0 °C)	r_g	335×10^3 J kg^{-1} K^{-1}
	temperatura passaggio di stato	$t_0 \mapsto T_0$	$(0.0 + 273.15)$ K
	temperatura finale	$t_2 \mapsto T_1$	$(-18.0 + 273.15)$ K

Il processo può essere suddiviso in tre parti differenti:

1. Raffreddamento da 45.0°C a 0.0°C, cui corrisponde una variazione di entropia ΔS_1;
2. Passaggio di stato da liquido a solido, cui corrisponde una variazione di entropia ΔS_2;
3. Raffreddamento del ghiaccio fino a -18.0°C, cui corrisponde una variazione di entropia ΔS_3.

La variazione complessiva di entropia specifica può, quindi, essere scritta come somma delle variazioni di entropia dell'acqua nei singoli sottoprocessi:

$$\Delta S = m \cdot \Delta s = m \cdot \left(\Delta s_1 + \Delta s_2 + \Delta s_3 \right) \tag{2.50}$$

L'intero processo avviene a pressione costante $\left(dp = 0 \right)$, per cui:

$$
\begin{aligned}
\Delta S = m \cdot \Delta s &= m \cdot \left(\Delta s_1 + \Delta s_2 + \Delta s_3 \right) = \\
&= m \cdot \left(c_{H_2O} \ln\left(\frac{T_0}{T_1}\right) - \frac{r_g}{T_0} + c_g \ln\left(\frac{T_2}{T_0}\right) \right) = \\
&= 0.200 \cdot \left(4200 \ln\left(\frac{273.15}{318.15}\right) - \frac{335 \cdot 10^3}{273.15} + 2100 \ln\left(\frac{255.15}{273.15}\right) \right) = -402 \text{ J K}^{-1}
\end{aligned}
$$

Osservazione: dal segno negativo si può evincere come il processo implichi una cessione di calore dal sistema verso l'esterno.

2.7 Sistema cilindro pistone con parete diabatica

Per la risoluzione dell'esercizio è necessario conoscere: l'equazione di stato dei gas ideali, l'energia interna, il teorema dell'energia cinetica, il primo principio ed il secondo principio della termodinamica.

Un sistema cilindro-pistone, considerando il pistone di massa trascurabile e libero di muoversi senza attrito, contiene un volume iniziale $V = 30$ L di metano $(\mathcal{M}_{CH_4} = 16 \text{ kg kmol}^{-1})$ alla temperatura $t_1 =$

25.0 °C in equilibrio con la pressione esterna $p_0 = 1$ bar. Ad un certo istante viene posto a contatto della base del cilindro un termostato alla temperatura $t_T = 200.0$ °C che cede calore al gas, mentre la parete laterale del cilindro ed il pistone sono adiabatici. Il gas si porta in una nuova situazione di equilibrio nella quale la temperatura è quella del termostato diminuita di 15.0 °C mentre la pressione è pari a quella esterna. Nella ipotesi che il gas possa essere assimilato a un gas ideale, calcolare:

1. Il lavoro interno (L_i);
2. Il calore scambiato tra gas e termostato (Q);
3. La variazione di entropia dell'universo (ΔS_{Uni}).

Si assuma che il calore specifico a pressione costante del metano sia dato dalla relazione

$$\frac{c_p}{R^*} = a + b\,T + c\,T^2$$

con $a = 1.702$, $b = 9.081 \cdot 10^{-3}$ K^{-1}, $c = -2.164 \cdot 10^{-6}$ K^{-2}.

******************************** *Soluzione* ********************************

Schema del sistema

Affinché siano realizzate le condizioni di equilibrio meccanico, considerando le ipotesi introdotte dal testo, emerge come la pressione all'interno del cilindro debba essere uguale a quella dell'ambiente esterno $p_{gas} = p_0$.

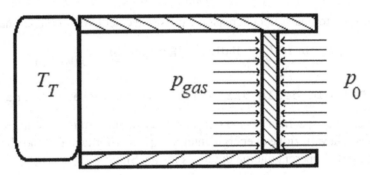

Dati

	Grandezza	Simbolo	Valore	Udm
Gas elio: CH$_4$	massa molare	$\mathcal{M}_{CH_4}$	16	kg kmol^{-1}
	costante universale	R	8314	J kmol^{-1} K^{-1}
Stato iniziale: 1	volume	V_1	$30 \cdot 10^{-3}$	m^3
	temperatura	$t_1 \mapsto T_1$	$(25 + 273.15)$	K
Ambiente esterno: 0	pressione	p_0	$1 \cdot 10^5$	Pa
Stato finale: 2	temperatura	$t_2 \mapsto T_2$	$(185 + 273.15)$	K
	pressione	$p_2 = p_0$	$1 \cdot 10^5$	Pa
Termostato: T	temperatura	$t_T \mapsto T_T$	$(200 + 273.15)$	K
Attriti	lavoro di attrito	L_{att}	0	J

Nota la formula molecolare del metano si conosce la sua massa molare. Inoltre, conoscendo la costante universale dei gas è possibile calcolare, la costante caratteristica del gas:

$$R^* = \frac{R}{\mathcal{M}} = \frac{8314}{16} = 519.6 \,\mathrm{J\,kg^{-1}\,K^{-1}} \tag{2.51}$$

Dalla relazione di Meyer e da quella fornita dal testo per il calore specifico a pressione costante è possibile ottenere l'espressione del calore specifico a volume costante:

$$R^* = c_p - c_v \implies c_v = R^* \left[\left(a + b\,T + c\,T^2 \right) - 1 \right]$$

Allo stato iniziale, essendo il pistone privo di massa ed in equilibrio, si ha che la risultante delle forze agenti sul pistone sia nulla. Dal diagramma di corpo libero del pistone, quindi, si ha che le due pressioni agenti sulla faccia interna ed esterna del pistone siano uguali $\Rightarrow p_1 = p_0$.

Dall'equazione di stato dei gas ideali, essendo note pressione, volume, temperatura dello stato iniziale è possibile calcolare la massa di gas contenuta nel cilindro:

$$p_1 V_1 = m\,R^* T_1 \Rightarrow m = \frac{p_1 V_1}{R^* T_1} \tag{2.52}$$

$$\Rightarrow m = \frac{p_1 V_1}{R^* T_1} = \frac{10^5 \cdot 30 \times 10^{-3}}{519.6 \cdot 298.15} = 0.0194 \,\mathrm{kg}$$

Analogamente per lo stato finale, nota la massa, è possibile calcolare il volume finale del sistema:

$$V_2 = \frac{m\,R^* T_2}{p_2} = \frac{0.0194 \cdot 519.6 \cdot 458.15}{10^5} = 0.0461 \,\mathrm{m^3}$$

Calcolo della variazione di energia interna

Poiché non diversamente specificato, si trascurano le capacità termiche delle pareti del cilindro e di quella del pistone, quindi, la variazione di energia interna è quella riferita al metano che si ottiene integrando l'equazione differenziale dell'energia interna di un gas ideale. Si ha:

$$dU = m\,c_v(T)\,dT$$

$$\Delta U = m \int_{T_1}^{T_2} c_v(T)\,dT = m\,R^* \int_{T_1}^{T_2} \left[\left(a + b\,T + c\,T^2 \right) - 1 \right] dT \tag{2.53}$$

$$\Delta U = m\,R^* \left[\left(a - 1 \right)\left(T_2 - T_1 \right) + \frac{b}{2}\left(T_2^2 - T_1^2 \right) + \frac{c}{3}\left(T_2^3 - T_1^3 \right) \right]$$

$$\boxed{\begin{aligned}
\Delta U &= m\,R^* \left[\left(a - 1 \right)\left(T_2 - T_1 \right) + \frac{b}{2}\left(T_2^2 - T_1^2 \right) + \frac{c}{3}\left(T_2^3 - T_1^3 \right) \right] = \\
&= 0.0194 \cdot 519.6 \cdot \left[0.702 \left(458.15 - 298.15 \right) + \right. \\
&\quad + \left. \frac{9.081 \times 10^{-3}}{2}\left(458.15^2 - 298.15^2 \right) - \frac{2.164 \times 10^{-6}}{3}\left(458.15^3 - 298.15^3 \right) \right] = \\
&= 6153 \,\mathrm{J}
\end{aligned}}$$

Calcolo del lavoro interno

Dall'Equazione dell'energia cinetica Eq.(2.41), considerando che $L_{att} = 0$ J, $\Delta E_c = 0$ J, e che si tratta di una trasformazione isobara, il lavoro del sistema sull'esterno sarà:

$$L_{se} = L_i^{lin} = \int_{V_1}^{V_2} p \, \mathrm{d}V = p \left(V_2 - V_1 \right) \tag{2.54}$$

$$\boxed{L_i^{lin} = L_{se} = 10^5 \cdot \left(0.0461 - 30 \cdot 10^{-3} \right) = 1610 \text{ J}}$$

Calcolo del calore scambiato

Dal primo principio della termodinamica Eq.(2.45), è possibile calcolare il calore scambiato come segue:

$$\boxed{Q = L_{se} + \Delta U + \Delta E_c = 1610 + 6153 + 0 = 7763 \text{ J}}$$

Allo stesso risultato si sarebbe giunti attraverso l'equazione costitutiva del calore, considerando la trasformazione isobara $\mathrm{d}p = 0$ Pa:

$$
\begin{aligned}
Q &= m \int_{p_1}^{p_2} \lambda_p \, \mathrm{d}p + m \int_{T_1}^{T_2} c_p \, \mathrm{d}T = \\
&= m \int_{T_1}^{T_2} R^* \left(a + b\,T + c\,T^2 \right) \mathrm{d}T = \\
&= m\,R^* \left[a \left(T_2 - T_1 \right) + \frac{b}{2} \left(T_2^2 - T_1^2 \right) + \frac{c}{3} \left(T_2^3 - T_1^3 \right) \right] = \\
&= 0.0194 \cdot 519.6 \cdot \left[1.702 (458.15 - 298.15) + \frac{9.081 \times 10^{-3}}{2} \cdot \right. \\
&\quad \left. \cdot (458.15^2 - 298.15^2) - \frac{2.164 \times 10^{-6}}{3} \left(458.15^3 - 298.15^3 \right) \right] = 7763 \text{ J}
\end{aligned} \tag{2.55}
$$

Calcolo della variazione di entropia dell'universo

La variazione di entropia dell'universo (sistema isolato) può essere calcolata come la somma di tutti i singoli sottosistemi (gas e termostato) che compongono il macrosistema considerato. Si avrà, quindi:

$$\Delta S_{Uni} = \Delta S_{CH_4} + \Delta S_T \tag{2.56}$$

La variazione di entropia del termostato presenta il segno negativo: il calore è uscente dal termostato. Si ha, quindi:

$$\Delta S_T = -\frac{|Q|}{T_T} \tag{2.57}$$

$$\boxed{\Delta S_T = -\frac{|Q|}{T_T} = -\frac{|7763|}{473.15} = -16.41 \text{ J K}^{-1}}$$

La variazione di entropia del gas può essere calcolata attraverso l'Eq.(2.55):

$$\Delta S_{CH_4} = m \int_{T_1}^{T_2} R^* \frac{1}{T} \left(a + b\,T + c\,T^2 \right) dT \tag{2.58}$$

$$\Delta S_{CH_4} = m \int_{T_1}^{T_2} R^* \frac{1}{T} \left(a + b\,T + c\,T^2 \right) dT =$$

$$= m\,R^* \int_{T_1}^{T_2} \left(\frac{a}{T} + b + c\,T \right) dT =$$

$$= \frac{1}{2}\,m\,R^* \left[2a \ln \left(\frac{T_2}{T_1} \right) + 2b \left(T_2 - T_1 \right) + c \left(T_2^2 - T_1^2 \right) \right] =$$

$$= \frac{1}{2} \cdot 0.0194 \cdot 519.6 \left[2 \cdot 1.702 \ln \left(\frac{458.15}{298.15} \right) + \right.$$

$$\left. + 2 \cdot 9.081 \times 10^{-3} \left(458.15 - 298.15 \right) - 2.164 \times 10^{-6} \left(458.15^2 - 298.15^2 \right) \right] =$$

$$= 20.66 \ \mathrm{J\,K^{-1}}$$

Quindi, dalla relazione Eq.(2.56):

$$\Delta S_{Uni} = \Delta S_{CH_4} + \Delta S_T = 20.66 - 16.41 = 4.25 \ \mathrm{J\,K^{-1}}$$

2.8 Cilindro pistone con due camere, parete diabatica

Per la risoluzione dell'esercizio è necessario conoscere: l'equazione di stato dei gas ideali, le trasformazioni notevoli, l'energia interna, il teorema dell'energia cinetica, il primo principio ed il secondo principio della termodinamica.

Un recipiente è suddiviso in due camere A e B da un setto mobile ideale, costituito da materiale perfettamente isolante, di massa trascurabile e libero di muoversi senza attrito. Le due camere, inizialmente, presentano rispettivamente un volume $V_{A,1} = 0.15 \ \mathrm{m}^3$ e $V_{B,1} = 1.50 \ \mathrm{m}^3$, trovandosi in equilibrio termico e meccanico; la temperatura della zona A è $t_{A,1} = 15.0 \ °C$ e la pressione $p_{A,1} = 101325 \ \mathrm{Pa}$. Ad un certo istante, un termostato alla temperatura $t_T = 550 \ °C$ viene posto e lasciato a contatto con una delle pareti della camera A. Si verifica il riscaldamento del gas (a temperatura variabile) fino a quando il volume della stessa camera A è raddoppiato. Ipotizzando che il gas nelle due camere sia un gas ideale con costante elastica pari a $R^* = 287 \ \mathrm{J\,kg^{-1}\,K^{-1}}$, calore specifico a pressione costante $c_p = 1004 \ \mathrm{J\,kg^{-1}\,K^{-1}}$ e che tutte le restanti pareti del recipiente siano isolate termicamente, calcolare:

- Il calore complessivamente scambiato dal sistema (Q);
- Le irreversibilità prodotte nel sistema complessivo (ΔS_{tot}).

*** *Soluzione* ***

Dati

- Pareti non a contatto con termostato adiabatiche: $Q = 0 \ \mathrm{J}$;
- Equilibrio termico: le temperature iniziali nelle due camere sono uguali $t_{A,1} = t_{B,1}$.

- Equilibrio meccanico: dal diagramma di corpo libero, essendo la massa del setto trascurabile, le pressioni nelle due camere devono risultare uguali $p_{A,1} = p_{B,1}$.

	Grandezza	Simbolo	Valore	Udm
Gas	costante elastica	R^*	287	$\mathrm{J\,kg^{-1}\,K^{-1}}$
	calore specifico a pressione costante	c_p	1004	$\mathrm{J\,kg^{-1}\,K^{-1}}$
Camera A:				
stato iniziale: 1	volume	$V_{A,1}$	0.15	$\mathrm{m^3}$
	pressione	$p_{A,1}$	101325	Pa
	temperatura	$t_{A,1}$	15.0	°C
	temperatura	$T_{A,1}$	288.15	K
stato finale: 2	volume	$V_{A,2} = 2 \cdot V_{A,1}$	0.30	$\mathrm{m^3}$
Camera B:				
stato iniziale: 1	volume	$V_{B,1}$	1.50	$\mathrm{m^3}$
	pressione	$p_{B,1}$	101325	Pa
	temperatura	$t_{B,1}$	15.0	°C
	temperatura	$T_{B,1}$	288.15	K
Termostato: T	temperatura	t_T	550.0	°C
	temperatura	T_T	823.15	K

Schema del sistema

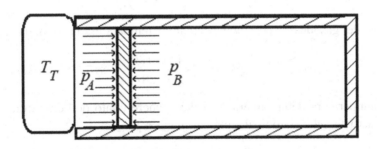

Definizione degli stati termodinamici

La risoluzione del problema non può prescindere dalla completa determinazione degli stati termodinamici finali delle due camere.

Il volume totale del recipiente rigido sarà dato dalla somma dei volumi iniziali delle due camere: $V_{tot} = V_{A,1} + V_{B,1} = 1.65 \ \mathrm{m^3}$.

Noto il volume totale, è possibile anche ricavare il volume finale della camera B, per differenza: $V_{B,2} = V_{tot} - V_{A,2} = 1.35 \ \mathrm{m^3}$.

Dall'equazione di stato dei gas ideali è possibile calcolare la massa di gas contenuta in ciascuna camera:

$$m = \frac{p\,V}{R^*T}$$

$$m_A = \frac{p_1\,V_{1,A}}{R^*T_1} = \frac{101323 \cdot 0.15}{287 \cdot 288.15} = 0.184 \text{ kg}$$

$$m_B = \frac{p_1\,V_{1,B}}{R^*T_1} = \frac{101323 \cdot 1.50}{287 \cdot 288.15} = 1.838 \text{ kg}$$

La camera B è completamente isolata dall'esterno da pareti adiabatiche, quindi il calore scambiato con l'esterno risulta nullo. Il lavoro, invece, dipende dallo spostamento del setto ideale mobile, privo di attriti ed adiabatico. Per queste osservazioni, è possibile dedurre come la trasformazione nella camera B sia reversibile ed adiabatica, quindi isoentropica.

Dalla relazione di Meyer è possibile calcolare il calore specifico a volume costante e, quindi, l'esponente della trasformazione adiabatica che avviene nella camera B del sistema.

$$R^* = c_p - c_v \Longrightarrow c_v = c_p - R^*$$

$$\gamma = \frac{c_p}{c_v} = \frac{c_p}{c_p - R^*} = \frac{1004}{1004 - 287} = 1.40$$

Nella camera B, quindi, è possibile definire completamente lo stato finale, poiché il gas subisce una trasformazione adiabatica ed il volume della camera nello stato finale è stato calcolato precedentemente:

$$p_{B,1}\,V_{B,1}^{\gamma} = p_{B,2}\,V_{B,2}^{\gamma} \tag{2.59}$$

Da cui è possibile calcolare il volume finale della camera B:

$$p_{B,2} = p_{B,1}\left(\frac{V_{B,1}}{V_{B,2}}\right)^{\gamma} = 101325\left(\frac{1.50}{1.35}\right)^{1.40} = 117433 \text{ Pa}$$

Dall'equazione di stato dei gas ideali è possibile calcolare la temperatura finale della camera B:

$$T_{B,2} = \frac{p_{B,2}\,V_{B,2}}{m_B\,R^*} = \frac{117433 \cdot 1.35}{1.838 \cdot 287} = 315.80 \text{ K}$$

Per calcolare la temperatura della camera A si deve tenere conto dell'equilibrio meccanico sul setto (privo di massa) che sussiste nello stato finale, per cui: $p_{A,2} = p_{B,2}$.

$$T_{A,2} = \frac{p_{B,2}\,V_{A,2}}{m_A\,R^*} = \frac{117433 \cdot 0.30}{0.184 \cdot 287} = 667.92 \text{ K}$$

Calcolo del calore scambiato dal sistema

Applicando il primo principio della termodinamica all'intero sistema in analisi, è possibile calcolare il calore scambiato dal sistema. La variazione di energia cinetica del sistema è nulla, così come il lavoro:

$$Q - L_{se} = \Delta U + \Delta E_c$$

$$Q = \Delta U_A + \Delta U_B =$$
$$= m_A\, c_v \left(T_{A,2} - T_{A,1}\right) + m_B\, c_v \left(T_{B,2} - T_{B,1}\right) =$$
$$= c_v \left(m_A \left(T_{A,2} - T_{A,1}\right) + m_B \left(T_{B,2} - T_{B,1}\right) \right) =$$
$$= 717 \cdot \left(0.184 \cdot \left(667.92 - 288.15\right) + 1.838 \cdot \left(315.80 - 288.15\right) \right) =$$
$$= 86.54 \text{ kJ}$$

Calcolo della variazione di entropia dell'universo

La variazione di entropia dell'intero sistema, può essere calcolata come la somma delle variazioni di entropia di tutti i singoli sottosistemi (camera A, camera B, termostato) che compongono il macrosistema considerato. Si avrà, quindi:

$$\Delta S_{tot} = \Delta S_A + \Delta S_B + \Delta S_T \tag{2.60}$$

La variazione di entropia per la camera B risulta essere nulla, poiché si tratta di una trasformazione adiabatica reversibile:

$$\Delta S_B = 0\ \mathrm{J\,K^{-1}}$$

La camera A è soggetta ad uno scambio termico con il termostato che determina una variazione di entropia. Ne risulta che la variazione di entropia totale del sistema non possa essere nulla a causa delle irreversibilità generate proprio da questo scambio termico.

La variazione di entropia del termostato è data da:

$$\Delta S_T = -\frac{|Q|}{T_T}$$

Dove il segno negativo indica che il calore viene ceduto dal termostato al sistema

$$\Delta S_T = -\frac{|Q|}{T_T} = -\frac{|86541|}{823.15} = -105.13\ \mathrm{J\,K^{-1}}$$

La variazione di entropia del sotto sistema A può essere ricavata dalla relazione:

$$\mathrm{d}S = c_v\, \frac{\mathrm{d}T}{T} - R^* \frac{\mathrm{d}p}{p} \Rightarrow \Delta S = c_v\, \ln\left(\frac{T_{fin}}{T_{ini}}\right) - R^* \ln\left(\frac{p_{fin}}{p_{in}}\right) \tag{2.61}$$

Quindi, la variazione di entropia per la camera A risulta:

$$\Delta S_A = c_v\, \ln\left(\frac{T_{A,2}}{T_{A,1}}\right) - R^* \ln\left(\frac{p_{A,2}}{p_{A,1}}\right) \tag{2.62}$$

$$\Delta S_A = c_v\, \ln\left(\frac{T_{A,2}}{T_{A,1}}\right) - R^* \ln\left(\frac{p_{A,2}}{p_{A,1}}\right) =$$
$$= 718 \cdot \ln\left(\frac{667.92}{288.15}\right) - 287 \cdot \ln\left(\frac{117433}{101325}\right) = 561.27\ \mathrm{J\,K^{-1}}$$

Sostituendo i valori nell'Eq.2.60

$$\Delta S_{tot} = 561.27 + 0 - 105.13 = 456.14\ \mathrm{J\,K^{-1}}$$

2.9 Relazione lineare tra temperatura ed entropia specifica

Per la risoluzione dell'esercizio è necessario conoscere: il primo principio ed il secondo principio della termodinamica.

Ad una massa $m = 2.0$ kg di aria, che allo stato iniziale presenta una temperatura pari a $t_1 = 15.0$ °C ed una entropia specifica $s_1 = 0$ J kg^{-1} K^{-1}, viene riscaldata e portata allo stato 2, ad una entropia specifica $s_2 = 250$ J kg^{-1} K^{-1}, fornendo una quantità di calore pari a 250 kJ. La trasformazione è reversibile e, nel diagramma di Gibbs $(T - s)$ può essere rappresentata da un segmento di retta.

Calcolare il lavoro interno nell'ipotesi che l'aria sia assimilabile ad un gas ideale con $c_v = 714$ J kg^{-1} K^{-1}.

*********************************** **Soluzione** ***********************************

Dati

- Trasformazione reversibile;
- Calore scambiato: 250 kJ;
- Relazione lineare:

$$\frac{T_2 - T_1}{s_2 - s_1} = \frac{T - T_1}{s - s_1} \Rightarrow T = T_1 + \frac{T_2 - T_1}{s_2 - s_1}(s - s_1)$$

	Grandezza	Simbolo	Valore	Unità di misura
	massa	m	2.0	kg
Stato iniziale: 1	temperatura iniziale	T_1	288.15	K
	entropia specifica	s_1	0	J kg^{-1} K^{-1}
Stato finale: 2	entropia specifica	s_2	250	J kg^{-1} K^{-1}

Dal secondo principio della termodinamica, per un sistema reversibile si ha:

$$Q = m \cdot \int_1^2 T\, ds \qquad (2.63)$$

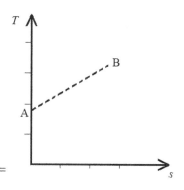

che, può essere integrato poiché si conosce la relazione sussistente tra T ed s, equivalente all'area del trapezio sotteso dalla curva di trasformazione:

$$Q = m \cdot \int_1^2 T\, \mathrm{d}s = m \cdot \int_1^2 \left[T_1 + \frac{T_2 - T_1}{s_2 - s_1}(s - s_1) \right] \mathrm{d}s =$$

$$= m \cdot \left[T_1(s_2 - s_1) - s_1\frac{T_2 - T_1}{s_2 - s_1}(s_2 - s_1) + \frac{1}{2} \cdot \frac{T_2 - T_1}{s_2 - s_1}(s_2^2 - s_1^2) \right] =$$

$$= m \cdot (s_2 - s_1)\left(\frac{T_2 + T_1}{2} \right)$$

Quindi, è possibile calcolare la temperatura allo stato finale:

$$T_2 = \frac{2Q}{m \cdot (s_2 - s_1)} - T_1 =$$
$$= \frac{2 \cdot 250 \cdot 10^3}{2.0 \cdot (250 - 0)} - 288.15 = 711.85 \text{ K}$$

Dal primo principio della termodinamica, considerando la variazione di energia cinetica ed il lavoro di attrito nulli, essendo la trasformazione reversibile, si può scrivere:

$$Q - L_i = \Delta U = m \cdot c_v \cdot (T_2 - T_1) \tag{2.64}$$

Quindi, è possibile calcolare il lavoro interno $L_i = L_{se}$:

$$\boxed{\begin{aligned} L_i &= Q - m \cdot c_v \cdot (T_2 - T_1) = \\ &= 250 \cdot 10^3 - 2.0 \cdot 718 \cdot (711.85 - 288.15) = \\ &= -358.43 \text{ kJ} \end{aligned}}$$

2.10 Variazione di entropia per un cilindro contenente azoto

Per la risoluzione dell'esercizio è necessario conoscere: le equazioni costitutive di calore e lavoro, l'equazione di stato dei gas ideali, il teorema dell'energia cinetica, il primo principio ed il secondo principio della termodinamica.

Si consideri un cilindro, chiuso ad una estremità da un pistone mobile, contenente 0.9 m^3 di azoto ($\mathcal{M}_{N_2} = 28$ kg kmol^{-1}). Quest'ultimo viene raffreddato, mantenendo costante la pressione a 3.2 bar da 330 °C a 79 °C. La temperatura dell'ambiente esterno è 18 °C. Assumendo il gas possa essere modellizzato attraverso l'equazione di stato dei gas ideali, con calore specifico a volume costante $c_v = 743.79$ J kg^{-1} K^{-1} (assunto costante durante la trasformazione) e trascurando gli attriti, calcolare:

- Il lavoro scambiato con l'ambiente esterno (L_{se});
- Il calore scambiato con l'ambiente esterno (Q);
- La variazione di entropia del gas (ΔS_{gas});
- La variazione di entropia dell'ambiente esterno (ΔS_0);
- La variazione di entropia dell'universo (ΔS_{Uni}).

** ***Soluzione*** **

Dati

- Trasformazione isobara $p_1 = p_2$;
- Lavoro d'attrito nullo $L_{att} = 0$ J.

	Grandezza	Simbolo	Valore	Unità di misura
Gas azoto: N_2	massa molare	$\mathcal{M}_{N_2}$	28	$kg\,kmol^{-1}$
	calore specifico a volume costante	c_v	743.79	$J\,kg^{-1}\,K^{-1}$
	costante universale	R	8314	$J\,kmol^{-1}\,K^{-1}$
Stato iniziale: **1**	pressione	p_1	3.2×10^5	Pa
	temperatura	T_1	603.15	K
	volume	V_1	0.9	m^3
Stato finale: **2**	pressione	$p_2 = p_1$	3.2×10^5	Pa
	temperatura	T_2	352.15	K
Ambiente esterno: **0**	temperatura	T_0	291.15	K

Note la massa molare dell'azoto e la costante universale dei gas ideali, è possibile calcolare la costante elastica del gas:

$$R^* = \frac{R}{\mathcal{M}} = \frac{8314}{28} = 296.9 \ J\,kg^{-1}\,K^{-1}$$

Dall'equazione di stato dei gas ideali è possibile ricavare l'espressione della massa di azoto:

$$m = \frac{p_1\,V_1}{R^*T_1} = \frac{3.2 \times 10^5 \cdot 0.9}{296.9 \cdot 603.15} = 1.608 \ kg$$

Il volume finale può essere calcolato, considerando la trasformazione isobara $\frac{V}{T} = cost$:

$$V_2 = V_1 \frac{T_2}{T_1} = 0.9 \, \frac{352.15}{603.15} = 0.5 \ m^3 \tag{2.65}$$

Calcolo del lavoro del sistema

Per l'equazione dell'energia cinetica:

$$\Delta E_c = -L_{se}^s - L_{se}^d + L_i^{lin} - L_{att}$$

Considerando il sistema privo di attriti $L_{att} = 0$ J, con variazioni di energia cinetica e potenziali trascurabili $\Delta E_c = \Delta E_p = 0$ J:

$$\boxed{\begin{aligned} L_{se} = L_{se}^s = L_i = L_i^{lin} = \int_{V_1}^{V_2} p \, dV = p_1 \cdot (V_2 - V_1) = \\ = 3.2 \times 10^5 (0.5 - 0.9) = -119.85 \ kJ \end{aligned}}$$

Calcolo del calore scambiato

Dalle equazioni di primo principio e dell'energia cinetica e la definizione dell'energia interna:

$$\begin{cases} \Delta E_c = -L_{se}^s - L_{se}^d + L_i^{lin} - L_{att}, \quad L_{se}^d = \Delta E_p \\ Q - L_{se}^s = \Delta U + \Delta E_c + \Delta E_p \\ \Delta U = m \, c_v \Delta T \end{cases} \tag{2.66}$$

che, con le considerazioni svolte in precedenza diventa:

$$Q - L_i = \Delta U = m\, c_v \left(T_2 - T_1\right) \tag{2.67}$$

$$\boxed{Q = m\, c_v \left(T_2 - T_1\right) + L_i = -452.23 \text{ kJ}}$$

Calcolo delle variazioni di entropia

La variazione di entropia dell'universo (sistema isolato) può essere calcolata come la somma di tutti i singoli sottosistemi (gas e ambiente) che lo compongono. Si avrà, quindi:

$$\Delta S_{Uni} = \Delta S_{N_2} + \Delta S_0 \tag{2.68}$$

La variazione di entropia del gas, considerando che $dp = 0$, è data da:

$$\mathrm{d}S = c_v\, \frac{\mathrm{d}T}{T} - R^* \frac{\mathrm{d}p}{p} \Rightarrow \Delta S = c_v \ln\left(\frac{T_{fin}}{T_{ini}}\right) \tag{2.69}$$

$$\boxed{\begin{aligned} \Delta S_{N_2} &= m\, c_v \ln\left(\frac{T_2}{T_1}\right) = \\ &= 1.608 \cdot 743.79 \cdot \ln\left(\frac{352.15}{603.15}\right) = -738.74 \text{ J K}^{-1} \end{aligned}}$$

La variazione di entropia dell'ambiente, considerando che il calore è ceduto all'ambiente risulta essere:

$$\Delta S_0 = \frac{-Q}{T_0} \tag{2.70}$$

$$\boxed{\Delta S_0 = \frac{-Q}{T_0} = \frac{+452.23 \times 10^3}{291.15} = 1553.25 \text{ J K}^{-1}}$$

Infine, si può calcolare la variazione di entropia dell'universo:

$$\boxed{\Delta S_{Uni} = \Delta S_{N_2} + \Delta S_0 = 814.51 \text{ J K}^{-1}}$$

2.11 Somministrazione di calore isobara ed espansione adiabatica cilindro-pistone

Per la risoluzione dell'esercizio è necessario conoscere: l'equazione di stato dei gas ideali e trasformazioni notevoli, il teorema dell'energia cinetica, il primo principio della termodinamica.

In un sistema chiuso cilindro-pistone, è contenuta una massa $m = 11$ kg di aria, assimilabile ad un gas ideale con calore specifico a pressione costante $c_p = 1.005$ kJ kg^{-1} K^{-1} e costante elastica $R^* = 287$ J kg^{-1} K^{-1}. Inizialmente il sistema si trova ad una pressione di 9.5 bar e ad una temperatura di 298.15K.
Successivamente, al sistema viene fornito calore, mantenendo la pressione costante. La sorgente termica (considerata come una capacità termica infinita) si trova ad una temperatura $T_0 = 627$ °C. In questo modo l'aria viene portata a $T_2 = 310$ °C. Al termine di questo primo processo il sistema viene termicamente isolato e l'aria contenuta al suo interno viene lasciata espandere, secondo una trasformazione adiabatica reversibile, fino al raggiungimento della temperatura iniziale. Si determinino:

- Il calore complessivamente scambiato nell'intero processo;
- Il lavoro complessivamente scambiato nell'intero processo;

********************************** *Soluzione* **********************************

Dati

- Processo $1 \mapsto 2$: somministrazione di calore isobara $p_2 = p_1$;
- Processo $2 \mapsto 3$: espansione adiabatica reversibile $Q_{23} = 0$ J, $L_{att,23} = 0$ J;
- L'intero processo è da considerarsi privo di attriti interni ed esterni $L_{att} = 0$ J.

	Grandezza	Simbolo	Valore Udm
Gas: **aria**	massa	m	11 kg
	costante elastica	R^*	287 J kg^{-1} K^{-1}
	calore specifico a pressione costante	c_p	1005 J kg^{-1} K^{-1}
stato iniziale: **1**	pressione	p_1	$9.5 \cdot 10^5$ Pa
	temperatura	T_1	298.15 K
stato intermedio: **2**	pressione	$p_2 = p_1$	$9.8 \cdot 10^5$ Pa
	temperatura	T_2	583.15 K
stato finale: **3**	temperatura	$T_3 = T_1$	298.15 K
	pressione	$p_2 = p_1$	$9.8 \cdot 10^5$ Pa
Termostato: **0**	temperatura	T_0	900.15 K

Dalla relazione di Mayer $R^* = c_p - c_v$ è possibile calcolare l'esponente della adiabatica:

$$\boxed{\gamma = \frac{c_p}{c_v} = \frac{c_p}{c_p - R^*} = 1.4}$$

Definizione degli stati termodinamici

Dall'equazione di stato dei gas ideali $pV = R^*T$:

$$\boxed{v_1 = \frac{R^*T_1}{p_1} = \frac{287 \cdot 298.15}{9.5 \cdot 10^5} = 0.090 \text{ m}^3 \text{ kg}^{-1}}$$

Nella trasformazione isobara $1 \mapsto 2$, si ha $p_1 = p_2$, da cui:

$$\frac{R^*T_1}{v_1} = \frac{R^*T_2}{v_2}$$

Da cui, è possibile calcolare il volume specifico dello stato intermedio v_2:

$$\boxed{v_2 = v_1 \cdot \frac{T_2}{T_1} = 0.090 \cdot \frac{583.15}{298.15} = 0.176 \text{ m}^3 \text{ kg}^{-1}}$$

Nella trasformazione adiabatica $2 \mapsto 3$, si ha $pv^\gamma = \text{cost.}$ Quindi, sostituendo $v = \frac{R^*T}{p}$:

$$p_3 = p_2 \cdot \left(\frac{T_2}{T_3}\right)^{\frac{\gamma}{1-\gamma}} = 9.5 \cdot 10^5 \left(\frac{583.15}{298.15}\right)^{\frac{1.4}{-0.4}} = 90679 \text{ Pa}$$

$$v_3 = \frac{R^*T_3}{p_3} = \frac{287 \cdot 298.15}{90679} = 0.944 \text{ m}^3 \text{ kg}^{-1}$$

Calcolo del calore complessivamente scambiato

Il calore scambiato durante l'intero processo è pari a quello scambiato durante la prima fase di processo:

$$Q_{tot} = Q_{12} + Q_{23} = Q_{12} \tag{2.71}$$

Dall'equazione costitutiva del calore ($dp = 0$ Pa) si ha:

$$Q_{12} = m \cdot c_p (T_2 - T_1) \tag{2.72}$$

$$Q_{tot} = Q_{12} = m \cdot c_p (T_2 - T_1) = 11 \cdot 1005 \cdot (583.15 - 298.15) = 3.151 \text{ MJ}$$

Calcolo del lavoro complessivamente scambiato

Per quanto riguarda la trasformazione isobara il lavoro interno ideale (ipotesi di lavori di attrito nulli):

$$L_{i,12}^{lin} = \int_1^2 p\, dV = m \cdot p\, (v_2 - v_1) \tag{2.73}$$

$$L_{i,12} = L_{i,12}^{lin} = p_1 \cdot (V_2 - V_1) = m \cdot p_1 \cdot (v_2 - v_1) =$$
$$= 11 \cdot 9.5 \cdot 10^5 (0.176 - 0.090) = 899.7 \text{ kJ}$$

Mentre per la trasformazione adiabatica (pv^γ) si ha:

$$L_{i,23} = L_{i,23}^{lin} = \int_2^3 p\, dV = \frac{m}{1-\gamma} \cdot R^*T_2 \left[\left(\frac{v_3}{v_2}\right)^{1-\gamma} - 1\right] \tag{2.74}$$

$$L_{i,23} = \int_2^3 p\, dV = \frac{m}{1-\gamma} \cdot R^*T_2 \left[\left(\frac{v_3}{v_2}\right)^{1-\gamma} - 1\right] =$$
$$= \frac{11}{1-1.4} \cdot 287 \cdot 583.15 \cdot \left[\left(\frac{0.944}{0.176}\right)^{-0.4} - 1\right] = 2.251 \text{ MJ}$$

Allo stesso risultato numerico si giunge applicando il primo principio della termodinamica a questa seconda trasformazione:

$$- L_{i,23} = m\, c_v (T_3 - T_2) \tag{2.75}$$

$$L_{i,23} = -m\, c_v (T_3 - T_2) = -11 \cdot 718 (298.15 - 583.15) = 2.251 \text{ MJ}$$

Il lavoro complessivamente scambiato è la somma algebrica dei lavori delle due trasformazioni:

$$L_{tot} = L_{i,12} + L_{i,23} \tag{2.76}$$

Quindi:

$$\boxed{L_{tot} = L_{i,12} + L_{i,23} = 0.900 + 2.251 = 3.151 \text{ MJ}}$$

Osservazione

Il lavoro complessivamente scambiato si sarebbe potuto calcolare direttamente applicando il primo principio all'intero processo ($1 \mapsto 3$), considerando il sistema chiuso:

$$\begin{aligned}
Q_{tot} - L_{i,tot} &= \Delta U \\
Q_{tot} - L_{i,tot} &= m \cdot c_v (T_3 - T_1) \\
Q_{tot} - L_{i,tot} &= 0 \\
L_{i,tot} &= Q_{tot}
\end{aligned} \tag{2.77}$$

2.12 Espansione reversibile di un sistema bifase

> Per la risoluzione dell'esercizio è necessario conoscere: miscele bifase di sostanze pure, il teorema dell'energia cinetica, il primo principio della termodinamica, l'entropia.

Un sistema è costituito da un cilindro e da un pistone mobile, di massa trascurabile. Il sistema contiene vapore d'acqua umido con titolo $x_1 = 0.72$ alla pressione $p_1 = 2.25$ bar.

Nell'ipotesi che si lasci il pistone libero di muoversi senza attrito fino al raggiungimento dell'equilibrio con la pressione esterna $p_0 = 1.00$ bar, considerando l'intero sistema adiabatico, calcolare il lavoro interno specifico (l_i) nel caso di trasformazione reversibile.

***************************** *Soluzione* *****************************

Dati

- Miscela liquido-vapore;
- Attriti nulli $L_{att} = 0$ J;
- Processo adiabatico $Q = 0$ J e reversibile $\Rightarrow \Delta s = 0 \text{ kJ kg}^{-1} \text{K}^{-1}$.

	Grandezza	Simbolo	Valore	Unità di misura
Stato iniziale: **1**	pressione	p_1	2.25	bar
	titolo del vapore	x_1	0.72	—
Stato finale: **2**	pressione	$p_2 = p_0$	1.00	bar

Per conoscere le proprietà termodinamiche del vapore nello stato iniziale e finale è necessario consultare le Tabelle di saturazione relative al vapore d'acqua [8]. Infatti, poiché il titolo del vapore nello stato iniziale x_1 è $0 < x_1 < 1$, ci si trova all'interno della zona liquido-vapore. Per lo stato iniziale, dalle tabelle di saturazione in funzione della pressione (p_1), emerge come la temperatura di saturazione sia pari a $t_1 = 123.97°$C, mentre i valori delle altre grandezze letti, vengono riportati nella successiva tabella, dove, per problemi di spazio, ci si riferisce al vapore saturo secco soltanto come vapore saturo. Si ricorda come nelle tabelle di saturazione siano presenti i valori sulla curva limite inferiore, ls, e superiore, vs.

Grandezza	Simbolo	Valore Unità di misura
Volume specifico liquido saturo	$v_{1,ls}$	0.001064 m^3 kg^{-1}
Volume specifico vapore saturo	$v_{1,vs}$	0.79329 m^3 kg^{-1}
Entalpia liquido saturo	$h_{1,ls}$	520.71 kJ kg^{-1}
Entalpia vapore saturo	$h_{1,vs}$	2711.7 kJ kg^{-1}
Entropia liquido saturo	$s_{1,ls}$	1.5706 kJ kg^{-1} K^{-1}
Entropia vapore saturo	$s_{1,vs}$	7.0877 kJ kg^{-1} K^{-1}

Noto il titolo del vapore nello stato iniziale, e determinate le proprietà del fluido alla saturazione, attraverso le relazioni valide per una generica grandezza specifica z nella zona bifase, è possibile scrivere:

$$z = (1 - x)z_{ls} + x\, z_{vs} \tag{2.78}$$

Da cui:

$$
\begin{aligned}
v_1 &= (1 - x)v_{ls} + x\, v_{vs} = \\
&= (1 - 0.72) \cdot 0.001064 + 0.72 \cdot 0.79329 = 0.57147 \text{ m}^3 \text{ kg}^{-1} \\
h_1 &= (1 - x)h_{ls} + x\, h_{vs} = \\
&= (1 - 0.72) \cdot 520.71 + 0.72 \cdot 2711.7 = 2098.2 \text{ kJ kg}^{-1} \\
s_1 &= (1 - x)s_{ls} + x\, s_{vs} = \\
&= (1 - 0.72) \cdot 1.5706 + 0.72 \cdot 7.0877 = 5.5429 \text{ kJ kg}^{-1} \text{ K}^{-1}
\end{aligned}
\tag{2.79}
$$

Per quanto riguarda lo stato finale, è necessario introdurre alcune considerazioni riguardo alla trasformazione subita dal fluido, tra lo stato iniziale e quello finale. Si tratta, infatti, di una espansione adiabatica reversibile e, quindi, isoentropica. Se si considera il diagramma $T - s$ riportato nella figura alla pagina successiva, si può osservare come, nello stato finale, il sistema si trovi ancora in stato bifase, in quanto la trasformazione isoentropica costituisce un segmento parallelo all'asse delle ordinate ed essendo $p_2 = p_0 < p_1$, il titolo dello stato finale, x_2, risulterà $x_2 < x_1$. E' possibile verificare attraverso le Tabelle di saturazione, alla pressione $p_2 = p_0$, come lo stato 2 sia in condizioni di miscela liquido-vapore. Infatti, il valore di entropia specifica $s_2 = s_1$ risulta:

$$s_{ls}(p_2) < s_1 < s_{vs}(p_2)$$

e, quindi, 2 si trova all'interno della zona bifase.

Sfruttando le considerazioni precedenti, quindi, è possibile ricavare le proprietà termodinamiche principali della miscela bifase nello stato finale, in modo del tutto analogo a quanto visto per lo stato iniziale, consultando le Tabelle di saturazione alla pressione $p_2 = p_0$. La temperatura di saturazione a p_2 risulta pari a $t_2 = 99.97°$C, mentre i valori delle altre grandezze letti, vengono riportati nella successiva tabella.

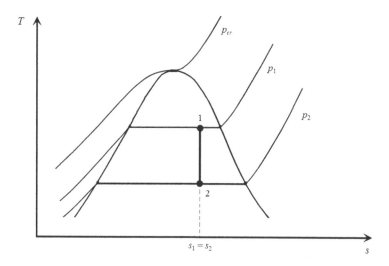

Grandezza	Simbolo	Valore	Unità di misura
Volume specifico liquido saturo	$v_{2,ls}$	0.001043	$\mathrm{m^3\,kg^{-1}}$
Volume specifico vapore saturo	$v_{2,vs}$	1.6734	$\mathrm{m^3\,kg^{-1}}$
Entalpia liquido saturo	$h_{2,ls}$	419.06	$\mathrm{kJ\,kg^{-1}}$
Entalpia vapore saturo	$h_{2,vs}$	2675.6	$\mathrm{kJ\,kg^{-1}}$
Entropia liquido saturo	$s_{2,ls}$	1.3069	$\mathrm{kJ\,kg^{-1}\,K^{-1}}$
Entropia vapore saturo	$s_{2,vs}$	7.3545	$\mathrm{kJ\,kg^{-1}\,K^{-1}}$

Come precedentemente commentato, per una adiabatica reversibile si ha $\Delta s = 0\ \mathrm{kJ\,kg^{-1}\,K^{-1}}$ quindi, $s_2 = s_1 = 5.5429\ \mathrm{kJ\,kg^{-1}\,K^{-1}}$.

Nota l'entropia specifica finale e quelle di liquido e vapore saturo secco alla pressione $p_2 = p_0$, è possibile calcolare il titolo del vapore allo stato finale:

$$x_2 = \frac{s_2 - s_{ls}}{s_{vs} - s_{ls}} = \frac{5.5429 - 1.3069}{7.3545 - 1.3069} = 0.70 \qquad (2.80)$$

Noto il titolo dello stato 2, è possibile procedere analogamente a quanto visto per lo stato 1:

$$
\begin{aligned}
v_2 &= \left(1 - x\right)v_{2,ls} + x\,v_{2,vs} = \\
&= \left(1 - 0.70\right) \cdot 0.001043 + 0.70 \cdot 1.6734 = 1.1718\ \mathrm{m^3\,kg^{-1}} \\
h_2 &= \left(1 - x\right)h_{2,ls} + x\,h_{2,vs} = \\
&= \left(1 - 0.70\right) \cdot 419.06 + 0.70 \cdot 2675.6 = 1998.6\ \mathrm{kJ\,kg^{-1}} \\
s_2 &= \left(1 - x\right)s_{2,ls} + x\,s_{2,vs} = \\
&= \left(1 - 0.70\right) \cdot 1.3069 + 0.70 \cdot 7.3545 = 5.5402\ \mathrm{kJ\,kg^{-1}\,K^{-1}}
\end{aligned}
\qquad (2.81)
$$

In questo caso, sebbene il lavoro di attrito sia nullo ($l_{att} = 0\ \mathrm{J\,kg^{-1}}$) e, quindi, $l_i = l_i^{lin}$, il lavoro interno reversibile non può essere calcolato attraverso la relazione $l_i^{lin} = \int p\,dv$, poiché non è nota la relazione che sussiste tra p e v durante la trasformazione.

Quindi, è necessario calcolare il lavoro attraverso l'equazione dell'energia cinetica:

$$L_{se} = L_i - \Delta E_c$$

Introducendo, il primo principio della termodinamica, si ha:

$$Q - L_i = \Delta U$$

Ricordando che il calore scambiato con l'esterno è nullo $Q = 0$ J (trasformazione adiabatica), per unità di massa, introducendo la definizione di entalpia $h = u + pv$, si ha:

$$l_i = -\Delta u = u_1 - u_2 = \left(h_1 - p_1 v_1\right) - \left(h_2 - p_2 v_2\right) \tag{2.82}$$

Sostituendo i valori numerici calcolati precedentemente, si ottiene:

$$\boxed{\begin{aligned} l_i &= \left[\left(2098.2 - 2.25 \times 10^2 \cdot 0.57147\right) - \left(1998.6 - 1.00 \times 10^2 \cdot 1.1718\right)\right] \times 10^3 = \\ &= 88199 \,\mathrm{J\,kg^{-1}} \end{aligned}}$$

2.13 Sistema bifase cilindro-pistone

> Per la risoluzione dell'esercizio è necessario conoscere: miscele bifase di sostanze pure, trasformazioni notevoli, equazioni costitutive di calore e lavoro, il teorema dell'energia cinetica, il primo principio della termodinamica.

All'interno di un sistema cilindro-pistone, ipotizzabile come privo di attriti, è contenuta una massa $m = 2.8$ kg di acqua in condizioni di liquido saturo. Questa viene riscaldata a pressione costante $p_1 = 17.5$ bar, fino allo stato 2 e, successivamente, viene fatta espandere adiabaticamente fino allo stato 3, in cui la pressione e la temperatura sono rispettivamente $p_3 = 1$ bar e 150°C. Considerando l'acqua un fluido omogeneo semplice e non viscoso, che subisce trasformazioni reversibili, calcolare:

1. Il calore scambiato dal sistema sull'esterno tra gli stati 1 e 3;
2. Il lavoro scambiato dal sistema sull'esterno tra gli stati 1 e 3;

************************************ *Soluzione* ************************************

Dati

- Trasformazioni reversibili;
- Trasformazione 1-2: isobara $p_2 = p_1$;
- Trasformazione 2-3: adiabatica ($Q_{23} = 0$ J) & reversibile $\Rightarrow s_3 = s_2$.

	Grandezza	Simbolo	Valore	Unità di misura
	massa	m	2.8	kg
Stato iniziale: **1**	pressione	p_1	17.5	bar
	titolo del vapore	x_1	0	–
Stato intermedio: **2**	pressione	$p_2 = p_1$	17.5	bar
Stato finale: **3**	pressione	p_3	1	bar
	temperatura	t_3	150	°C

Calcolo delle variabili di stato nello stato iniziale, finale ed intermedio

Dalle Tabelle di saturazione [8] alla pressione p_1 si leggono la temperatura di saturazione $t_1 = 205.72°C$ e le proprietà di liquido saturo, corrispondenti, da testo, allo stato iniziale 1:

Grandezza	Simbolo	Valore Unità di misura
Volume specifico	v_1	$0.001166 \ \mathrm{m^3 \, kg^{-1}}$
Energia interna specifica	u_1	$876.12 \ \mathrm{kJ \, kg^{-1}}$
Entalpia specifica	h_1	$878.16 \ \mathrm{kJ \, kg^{-1}}$
Entropia specifica	s_1	$2.3844 \ \mathrm{kJ \, kg^{-1} \, K^{-1}}$

Per quanto riguarda lo stato 3, dalle tabelle di saturazione alla pressione p_3, emerge come ci si si trovi in stato di vapore surriscaldato in quanto $t_3 > t_{sat}(p_3)$. Quindi, dalle Tabelle del vapor d'acqua surriscaldato [8], alla pressione p_3 ed alla temperatura t_3, si leggono i seguenti valori:

Grandezza	Simbolo	Valore Unità di misura
Volume specifico	v_3	$1.9367 \ \mathrm{m^3 \, kg^{-1}}$
Energia interna specifica	u_3	$2582.9 \ \mathrm{kJ \, kg^{-1}}$
Entalpia specifica	h_3	$2776.6 \ \mathrm{kJ \, kg^{-1}}$
Entropia specifica	s_3	$7.6148 \ \mathrm{kJ \, kg^{-1} \, K^{-1}}$

Rimane da determinare lo stato 2. In questo caso è necessario considerare sia le informazioni riguardo la trasformazione 1-2 isobara, sia la trasformazione 2-3 adiabatica reversibile (isoentropica); così si ottiene: $p_2 = p_1 = 17.5$ bar e $s_2 = s_3 = 7.6148 \ \mathrm{kJ \, kg^{-1} \, K^{-1}}$. Dalle Tabelle di saturazione del vapor d'acqua a $p_2 = p_1$ si evince che, nello stato 2, il vapore sia surriscaldato poiché $s_2 > s_{vs}(p_1)$.

Il valore di pressione p_2 non compare esplicitamente nelle Tabelle del vapore surriscaldato, è necessario, quindi, effettuare una interpolazione lineare tra i valori di pressione di cui la p_2 risulta essere intermedia: $1.60 \ \mathrm{MPa}$ (A) e $1.80 \ \mathrm{MPa}$ (B).

Quindi, alla pressione p_2, per ogni temperatura i definita in tabella, si avranno le seguenti proprietà:

$$v_i(p_2) = v_{i,B} + (p_B - p_2)\frac{v_{i,A} - v_{i,B}}{p_B - p_A}$$

$$h_i(p_2) = h_{i,A} + (p_2 - p_A)\frac{h_{i,B} - h_{i,A}}{p_B - p_A}$$

$$s_i(p_2) = s_{i,B} + (p_B - p_2)\frac{s_{i,A} - s_{i,B}}{p_B - p_A}$$

Calcolate le grandezze per ogni temperatura, emerge come sia necessaria una ulteriore interpolazione per determinare le grandezze dello stato 2, corrispondenti all'entropia specifica $s_2 = s_3$. Quest'ultima risulta essere compresa tra le temperature di $500°C$ e $600°C$:

Grandezza	Simbolo	Valore Unità di misura
Temperatura	t_2	543 °C
Volume specifico	v_2	0.2135 m^3 kg^{-1}
Energia interna specifica	u_2	3193.9 kJ kg^{-1}
Entalpia specifica	h_2	3566.5 kJ kg^{-1}
Entropia specifica	s_2	7.6148 kJ kg^{-1} K^{-1}

In questo modo si sono definiti completamente gli stati 1, 2 e 3. Si riporta il relativo diagramma di Gibbs, tratto da [8] e completamente rielaborato dagli autori.

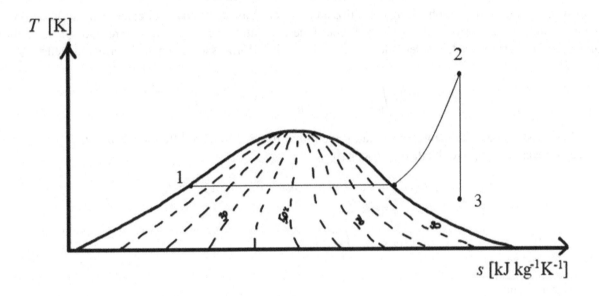

Calcolo del calore complessivamente scambiato

Per il calcolo del calore e del lavoro scambiati nelle trasformazioni, si può considerare dapprima la trasformazione isobara 1-2. Osservzioni:

- L'intera trasformazione $1 - 2$ è isobara;
- Tra lo stato iniziale 1 (liquido saturo) e lo stato intermedio di vapore saturo secco (curva limite superiore), il fluido subisce una vaporizzazione, ovvero un salto entalpico per unità di massa uguale al calore latente di vaporizzazione;
- Durante tutta la trasformazione il fluido subisce una variazione di volume specifico da liquido saturo a vapore surriscaldato ($\Delta v \neq 0$).

Inoltre, in assenza di attriti si ha $l_i = l_i^{lin}$ e, scrivendo il primo principio della termodinamica:

$$Q_{12} - L_{i,12} = \Delta U_{12} \Rightarrow Q_{12} - \int_1^2 p \, \mathrm{d}V = \Delta U_{12}$$

In questo caso è possibile calcolare l'integrale del lavoro interno lineare, in quanto nella trasformazione considerata, la pressione risulta essere costante:

$$Q_{12} - m \, p \, \Delta v_{12} = m \, \Delta u_{12} = m \left(\Delta h_{12} - p \, \Delta v_{12} \right) \Rightarrow Q_{12} = m \left(h_2 - h_1 \right)$$

Inoltre, la trasformazione 2-3 è adiabatica, quindi $Q_{23} = 0$ J, da cui il calore complessivamente scambiato con l'esterno è pari a quello scambiato lungo la trasformazione 1-2: $Q_{tot} = Q_{12}$. Sostituendo i valori numerici, si ha:

$$\boxed{\begin{aligned} Q_{12} &= m \left(h_2 - h_1 \right) = \\ &= 2.8 \cdot \left(3193.9 - 878.16 \right) = 6484.1 \text{ kJ} \\ &= Q_{tot} \end{aligned}}$$

Allo stesso risultato si potrebbe giungere utilizzando la relazione costitutiva del calore per un fluido omogeneo semplice non viscoso. Per scrivere l'equazione costitutiva, occorre considerare uno spazio termodinamico di riferimento. Considerando i fenomeni fisici del processo, conviene esprimerla nello spazio $(p - T)$.

$$Q_{12} = m \left(\int_{p_1}^{p_2} \lambda_p \, \mathrm{d}p + \int_{T_1}^{T_2} c_p \, \mathrm{d}T \right) = m \int_{T_1}^{T_2} c_p \, \mathrm{d}T$$

Come visto precedentemente, dal primo principio in forma specifica differenziale $\tilde{q} - \tilde{l}_i = du$, per un processo reversibile e privo di attriti, si può scrivere:

$$\tilde{q} - p \, dv = du = d(h - pv) = \mathrm{d}h - p \, \mathrm{d}v - v \, \mathrm{d}p$$
$$\tilde{q} = \mathrm{d}h$$
$$\Rightarrow Q_{12} = m \int_{h_1}^{h_2} \mathrm{d}h$$

Per cui risulta:

$$\begin{cases} Q_{12} = m \int_{T_1}^{T_2} c_p \, \mathrm{d}T \\ Q_{12} = m \int_{h_1}^{h_2} \mathrm{d}h \end{cases}$$

Tuttavia, l'utilizzo della prima delle due equazioni scritte implica alcune difficoltà nel calcolo, poiché c_p risulta essere funzione sia della temperatura, sia della pressione. Inoltre si deve considerare come non si stia trattando un gas, bensì un passaggio di una miscela liquido-vapore, ad una pressione circa 17 volte superiore a quella ambiente. Quindi, il c_p del liquido è superiore rispetto a quello del vapore e, senza avere a disposizione ulteriori tabelle delle proprietà delle sostanze o senza conoscere una funzione attraverso cui descrivere la dipendenza del calore specifico a pressione costante dalla pressione e dalla temperatura nello specifico caso, non è possibile definire anche un calore specifico a pressione costante medio.

Calcolo del lavoro complessivamente scambiato

In assenza di attriti $L_{att} = 0$ J e, considerando nulla la variazione di energia cinetica del sistema $\Delta E_c = 0$ J, per il lavoro scambiato dal sistema con l'esterno si ha:

$$L_{se,12} = L_{i,12} = L_{i,12}^{lin} = m \, p_1 \, \Delta v = m \, p_1 \left(v_2 - v_1 \right) \tag{2.83}$$

$$L_{se,12} = L_{i,12} = m\,p_1\,\Delta v = m\,p_1\,(v_2 - v_1) =$$
$$= 2.8 \cdot 17.5 \times 10^5\,(0.2135 - 0.001166) =$$
$$= 1040.3\ \text{kJ}$$

Per la trasformazione adiabatica 2-3, dal primo principio si ha:

$$L_{se,23} = L_{i,23} = -\Delta U_{i,23} = -m\,(u_3 - u_2) \tag{2.84}$$

$$L_{se,23} = m\,(u_2 - u_3) =$$
$$= 2.8 \cdot (3193.9 - 2582.9) = 611.0\ \text{kJ}$$

Per cui:

$$L_{tot} = L_{se,12} + L_{se,23} =$$
$$= (1040.3 + 611.0) \times 10^3\ \text{J} = 1651.3\ \text{kJ}$$

2.14 Sistema bifase e rendimento della trasformazione

Per la risoluzione dell'esercizio è necessario conoscere: miscele bifase di sostanze pure, trasformazioni notevoli, l'entalpia, l'entropia, il primo principio della termodinamica.

In un sistema cilindro-pistone, è contenuta una massa di vapore $m = 2.5$ kg alla pressione atmosferica, con titolo $x_1 = 0.57$. Fornendo calore isocoramente, si ottiene vapore saturo secco (curva limite superiore). Successivamente, il pistone scorre, facendo espandere, con una trasformazione adiabatica reversibile il vapore fino alla pressione iniziale, ottenendo lavoro. Calcolare il volume del cilindro ed il rendimento della trasformazione nell'ipotesi di fluido omogeneo semplice non viscoso.

*************************************** *Soluzione* ***************************************

Dati

	Grandezza	Simbolo	Valore	Unità di misura
	massa	m	2.5	kg
Stato iniziale: **1**	pressione	p_1	101325	Pa
	titolo del vapore	x_1	0.57	—
Stato intermedio: **2**	volume	$v_2 = v_1$		$\text{m}^3\,\text{kg}^{-1}$
	titolo del vapore	x_2	1	—
Stato finale: **3**	pressione	$p_3 = p_1$	101325	Pa

Calcolo delle variabili di stato nello stato iniziale, finale ed intermedio

Poiché il titolo del vapore nello stato iniziale è $0 < x_1 < 1$, nello stato iniziale ci si trova all'interno della zona liquido-vapore. Si ricavano i valori delle grandezze allo stato di liquido e vapore saturo secco alla pressione atmosferica $p_1 = 101.325$ kPa. La temperatura è quella di saturazione a p_1: $t_1 = 99.97°$C, e:

Grandezza	Simbolo	Valore Unità di misura
Volume specifico liquido saturo	$v_{1,ls}$	0.001043 m^3 kg^{-1}
Volume specifico vapore saturo	$v_{1,vs}$	1.6734 m^3 kg^{-1}
Energia interna specifica liquido saturo	$u_{1,ls}$	418.95 kJ kg^{-1}
Energia interna specifica vapore saturo	$u_{1,vs}$	2506.0 kJ kg^{-1}
Entalpia liquido saturo	$h_{1,ls}$	419.09 kJ kg^{-1}
Entalpia vapore saturo	$h_{1,vs}$	2675.6 kJ kg^{-1}
Entropia liquido saturo	$s_{1,ls}$	1.3069 kJ kg^{-1} K^{-1}
Entropia vapore saturo	$s_{1,vs}$	7.3545 kJ kg^{-1} K^{-1}

Conoscendo il titolo del vapore nello stato iniziale e determinate le proprietà del fluido alla saturazione, attraverso le relazioni valide per una generica grandezza specifica z nella zona bifase, è possibile scrivere:

$$z = (1 - x)z_{ls} + x\,z_{vs} \tag{2.85}$$

Da cui:

$$
\begin{aligned}
v_1 &= (1 - x)v_{ls} + x\,v_{vs} = \\
&= (1 - 0.57) \cdot 0.001043 + 0.57 \cdot 1.6734 = 0.9543 \text{ m}^3 \text{ kg}^{-1} \\
u_1 &= (1 - x)u_{ls} + x\,u_{vs} = \\
&= (1 - 0.57) \cdot 418.95 + 0.57 \cdot 2560.0 = 1608.6 \text{ kJ kg}^{-1} \\
h_1 &= (1 - x)h_{ls} + x\,h_{vs} = \\
&= (1 - 0.57) \cdot 419.09 + 0.57 \cdot 2675.6 = 1705.3 \text{ kJ kg}^{-1} \\
s_1 &= (1 - x)s_{ls} + x\,s_{vs} = \\
&= (1 - 0.57) \cdot 1.3069 + 0.57 \cdot 7.3545 = 4.7540 \text{ kJ kg}^{-1} \text{K}^{-1}
\end{aligned}
\tag{2.86}
$$

Calcolo del volume

A questo punto, poiché sono note sia la massa di vapore contenuta all'interno del cilindro, sia il volume specifico del vapore stesso, è possibile calcolare il volume che può occupare il fluido all'interno del cilindro:

$$
\boxed{
\begin{aligned}
V_1 &= m\,v_1 = \\
&= 2.5 \cdot 0.9543 = 2.38 \text{ m}^3
\end{aligned}
}
\tag{2.87}
$$

Nello stato intermedio 2, si conosce il valore del titolo (unitario, curva limite superiore) ed il valore del volume specifico $v_2 = v_1 = 0.9543$ m^3 kg^{-1}, alla fine del riscaldamento isocoro. Il volume specifico v_2, guardando le Tabelle di vapore saturo, è compreso tra le pressioni di 150 kPa e 200 kPa.

Grandezza	Simbolo	A: $p = 175$ kPa	B: $p = 200$ kPa
Temperatura $[°C]$	t_{sat}	116.04	120.21
Volume specifico vapore saturo $[\text{m}^3\,\text{kg}^{-1}]$	v_{vs}	1.0037	0.8858
Energia interna specifica vapore saturo $[\text{kJ}\,\text{kg}^{-1}]$	u_{vs}	2524.5	2529.1
Entalpia vapore saturo $[\text{kJ}\,\text{kg}^{-1}]$	h_{vs}	2700.0	2706.3
Entropia vapore saturo $[\text{kJ}\,\text{kg}^{-1}\,\text{K}^{-1}]$	s_{vs}	7.1716	7.1270

Da cui, interpolando linearmente:

$$t_2 = t_A + (v_A - v_2)\frac{t_B - t_A}{v_A - v_B}$$

$$p_2 = p_A + (v_A - v_2)\frac{p_B - p_A}{v_A - v_B}$$

$$u_2 = u_A + (v_A - v_2)\frac{u_B - u_A}{v_A - v_B}$$

$$h_2 = h_A + (v_A - v_2)\frac{h_B - h_A}{v_A - v_B}$$

$$s_2 = s_B + (v_A - v_2)\frac{s_A - s_B}{v_A - v_B}$$

Grandezza	Simbolo	Valore	Unità di misura
Temperatura	t_2	117.79	°C
Pressione	p_2	185.77	kPa
Energia interna specifica	u_2	2526.4	$\text{kJ}\,\text{kg}^{-1}$
Entalpia specifica	h_2	2702.6	$\text{kJ}\,\text{kg}^{-1}$
Entropia specifica	s_2	7.1457	$\text{kJ}\,\text{kg}^{-1}\,\text{K}^{-1}$

L'espansione, dalla pressione p_2 alla pressione atmosferica $p_3 = p_1$, avviene senza scambio di calore con l'esterno ed, inoltre, si tratta di una trasformazione reversibile. Si ha, quindi, una trasformazione isoentropica: $\Delta s_{23} = 0$ kJ kg^{-1} K^{-1}, per cui $s_2 = s_3 = 7.1457$ kJ kg^{-1} K^{-1}. Dai dati scritti precedentemente, relativi a $p = 101325$ Pa, si vede come s_3 sia compreso tra i valori di $s_{1,ls}$ ed $s_{1,vs}$. E' possibile calcolare il titolo della miscela liquido-vapore:

$$x_3 = \frac{s_3 - s_{ls}}{s_{vs} - s_{ls}} = \frac{7.1457 - 1.3069}{7.3545 - 1.3069} = 0.965 \tag{2.88}$$

Per cui, nello stato 3:

$$\begin{aligned}
v_3 &= (1 - x_3)v_{ls} + x_3\, v_{vs} = \\
&= (1 - 0.965) \cdot 0.001043 + 0.965 \cdot 1.6734 = 1.6157\ \text{m}^3\,\text{kg}^{-1} \\
h_3 &= (1 - x_3)h_{ls} + x_3\, h_{vs} = \\
&= (1 - 0.965) \cdot 419.09 + 0.965 \cdot 2675.6 = 2597.7\ \text{kJ}\,\text{kg}^{-1}
\end{aligned} \tag{2.89}$$

Calcolo del calore complessivamente scambiato

Il calore scambiato nella trasformazione 1-2, che è uguale al calore complessivamente scambiato, si calcola applicando il primo principio della termodinamica al sistema in esame per il quale si considera nulla la variazione di energia cinetica ed osservando inoltre che, durante la trasformazione isocora $\left(\Delta v = 0 \text{ m}^3 \text{ kg}^{-1}\right)$ è nullo il lavoro scambiato con l'esterno $l_{se} = l_i = l_i^{lin} = 0 \text{ J kg}^{-1}$.

$$
\begin{aligned}
q - l_i = \Delta u &= \\
&= \Delta h - p \, \Delta v - v \, \Delta p = \\
&= \left(h_2 - h_1\right) - v\left(p_2 - p_1\right)
\end{aligned} \tag{2.90}
$$

Da cui:

$$
\boxed{
\begin{aligned}
q_{12} &= \left(h_2 - h_1\right) - v\left(p_2 - p_1\right) = \\
&= (2702.6 - 1705.3) \times 10^3 + \\
&\quad - 0.9543\left(185.77 \times 10^3 - 101325\right) = \\
&= 916.7 \text{ kJ kg}^{-1} \\
&= q_{tot}
\end{aligned}
}
$$

Quindi, il calore complessivamente scambiato risulta essere pari a:

$$
\boxed{
\begin{aligned}
Q_{tot} = m \cdot q_{tot} &= \\
&= 2291.8 \text{ kJ}
\end{aligned}
}
$$

Calcolo del lavoro complessivamente scambiato

Con l'ipotesi già adottata di variazione dell'energia cinetica nulla $\Delta E_c = 0 \text{ J}$, ricordando come la trasformazione sia reversibile, ed applicando il primo principio della termodinamica al sistema in esame, tra gli stati 2-3, si calcola il lavoro scambiato dal sistema con l'esterno:

$$
\begin{aligned}
l_{se} = l_i &= -\Delta h + \Delta\left(pv\right) = \\
&= \left(h_2 - h_3\right) + p_3 v_3 - p_2 v_2
\end{aligned} \tag{2.91}
$$

Da cui:

$$
\boxed{
\begin{aligned}
l_{se} &= \left(h_2 - h_3\right) + p_3 v_3 - p_2 v_2 = \\
&= (2702.6 - 2597.7) \times 10^3 + 101325 \cdot 1.6157 - 185.77 \times 10^3 \cdot 0.9543 = \\
&= 91.330 \text{ kJ kg}^{-1}
\end{aligned}
}
$$

Inoltre:

$$
\boxed{
\begin{aligned}
L_{se} = m \cdot l_{se} &= \\
&= 2.5 \cdot 91.330 = \\
&= 228.3 \text{ kJ}
\end{aligned}
}
$$

Il rendimento della trasformazione può essere scritto come rapporto tra lavoro e calore:

$$
\boxed{
\eta = \frac{l_{se}}{q} = \frac{91.33}{916.7} = 0.100
}
$$

2.15 Bioreattore con agitatore riscaldato attraverso una resistenza

Per la risoluzione dell'esercizio è necessario conoscere: il primo principio della termodinamica.

In un bioreattore, operante in condizioni stazionarie, (schematizzabile come serbatoio, adiabatico verso l'esterno), è contenuta una massa di liquido $m = 15$ kg, con calore specifico $c = 4200$ J kg^{-1} K^{-1} (da trattarsi come fluido omogeneo semplice non viscoso, trascurare le variazioni di energia cinetica e potenziale). All'interno del serbatoio è contenuto un agitatore ad elica che, nell'arco di una giornata, produce un lavoro di 45 kJ. Per riscaldare il fluido, è presente una resistenza elettrica che, nell'arco della giornata, fornisce al fluido un lavoro elettrico pari a 780 kJ. Valutare la differenza di temperatura che subisce il fluido nell'arco della giornata.

******************************* *Soluzione* *******************************

Dati

Il sistema termodinamico da considerare per valutarne la sua variazione di temperatura è il fluido contenuto nel volume di controllo.

- Sistema adiabatico sull'esterno: $Q = 0$ J;
- Variazione di energia cinetica del fluido trascurabile: $\Delta E_c = 0$ J;
- Variazione di energia potenziale del fluido trascurabile: $\Delta E_p = 0$ J;
- Lavoro di attrito nullo: $L_{att} = 0$ J;

	Grandezza	Simbolo	Valore	Unità di misura
	massa	m	15	kg
	calore specifico	c	4200	J kg^{-1} K^{-1}
Lavoro fornito al sistema	meccanico	L_t	$45 \cdot 10^3$	J
	elettrico	L_{el}	$780 \cdot 10^3$	J

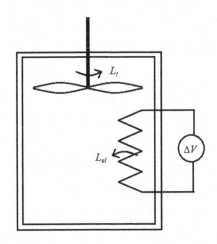

Calcolo della variazione di temperatura del fluido

Dal primo principio della termodinamica, considerando come volume di controllo il solo fluido contenuto all'interno del bioreattore:

$$Q(\mathbf{P}) - L_{se}(\mathbf{P}) = \Delta U + \Delta E_c$$
$$-(-L_t - L_{el}) = \Delta U$$
$$L_t + L_{el} = m\,c\,\Delta T$$
$$\Delta T = \frac{L_t + L_{el}}{m\,c}$$

$$\boxed{\Delta T = \frac{L_t + L_{el}}{m\,c} = \frac{45 + 780}{15 \cdot 4.2} = 13\,^{\circ}\mathrm{C}}$$

3

I sistemi aperti

I concetti dalla teoria

Prima di procedere con l'analisi termodinamica di un sistema, è necessario descriverne sia la sua posizione, sia la sua condizione di moto. In particolare, si possono evidenziare due differenti approcci, descritti relativamente attraverso:

- Un sistema di coordinate spaziali fisso, in cui le variabili cinematiche indipendenti sono la posizione di ogni particella materiale nell'istante iniziale ed il tempo (descrizione **lagrangiana**);
- Un sistema di coordinate solidali con il corpo in movimento, in cui le variabili cinematiche indipendenti sono la posizione occupata da ogni particella materiale nell'istante dell'osservazione ed il tempo (descrizione **euleriana**).

Se ne deduce che il metodo lagrangiano risulti utile nella descrizione di sistemi in cui la quantità di materia non varia, mentre si evolvono e muovono nello spazio. Al contrario, quello euleriano consente di analizzare il moto e l'evoluzione delle proprietà termodinamiche della materia contenuta all'interno di un volume ben delimitato – fisicamente od idealmente – detto **volume di controllo**. Quest'ultimo approccio rende possibile la descrizione di molti fenomeni naturali, ma anche l'analisi di dispositivi, come ad esempio le macchine a fluido.

I sistemi caratterizzati da una descrizione euleriana sono definiti **sistemi aperti** (o a deflusso), ovvero sistemi caratterizzati da un volume finito, separato dall'ambiente esterno da una **superficie di controllo**, la quale può essere attraversata da uno o più condotti, all'interno dei quali scorre materia che, può a sua volta scambiare calore e lavoro con l'ambiente esterno. Per caratterizzare ad ogni istante di tempo lo stato del sistema, è necessario conoscere il moto complessivo e l'evoluzione delle coordinate termodinamiche interne del sistema.

Portata in massa

La portata massica G può essere definita come la massa che scorre attraverso la sezione trasversale di un condotto nell'unità di tempo.

Per un sistema monodimensionale è possibile mettere in relazione la densità e la velocità del fluido con la sezione trasversale che attraversa, come riportato in seguito:

$$G(t) = \left[\rho(t)A(t) \cdot \hat{\mathbf{n}}\right] \cdot \mathbf{w}(t) = \pm\rho(t)A(t)\,|w(t)| \tag{3.1}$$

Osservazione: La portata non è quindi la derivata della massa nel tempo.

© Springer-Verlag Italia 2022
R. Borchiellini et al., *Esercizi di Termodinamica Applicata*,
https://doi.org/10.1007/978-88-470-4016-8_3

Derivata sostanziale

Nella descrizione euleriana, è possibile scrivere la **derivata sostanziale** di una generica grandezza estensiva Z:

$$\frac{\mathrm{d}Z(t)}{\mathrm{d}t} = \left[\frac{\mathrm{d}Z(t)}{\mathrm{d}t}\right]_{VC} + \sum_{k=1}^{NC} \pm G_k(t) \cdot z_k(t) \tag{3.2}$$

dove il primo membro indica al velocità di variazione della generica grandezza estensiva Z, il primo termine a secondo membro la velocità di variazione di Z nel volume di controllo e, l'ultimo termine, il contributo delle portate uscenti ed entranti nel volume di controllo (attraverso la superficie di controllo).

Nella sommatoria, il segno positivo denota le grandezze in uscita dal sistema, quello negativo le grandezze in ingresso nel sistema.

Nel caso in cui ci siano soltanto **un ingresso ed un'uscita** dal sistema si ha:

$$\frac{\mathrm{d}Z(t)}{\mathrm{d}t} = \left[\frac{\mathrm{d}Z(t)}{\mathrm{d}t}\right]_{VC} + G(t)\, z_{out}(t) - G(t)\, z_{in}(t) \tag{3.3}$$

Nel caso in cui il sistema sia **stazionario**, le grandezze non risultano più funzione del tempo (t), ma unicamente della posizione, in particolare:

$$\left[\frac{\mathrm{d}Z(t)}{\mathrm{d}t}\right]_{VC} = 0$$

Nella fisica classica si considera il seguente postulato (**conservazione della massa**): la massa totale di un sistema ad ogni istante è costante:

$$\frac{\mathrm{d}}{\mathrm{d}t} m(t) = 0$$

La massa è una grandezza estensiva, e la sua derivata sostanziale ha $z_k = 1$:

$$\frac{\mathrm{d}m(t)}{\mathrm{d}t} = \left[\frac{\mathrm{d}m(t)}{\mathrm{d}t}\right]_{VC} + \sum_{k=1}^{NC} \pm G_k(t)$$

che in condizioni stazionarie diventa:

$$\frac{\mathrm{d}m(t)}{\mathrm{d}t} = \sum_{k=1}^{NC} \pm G_k = 0$$

Considerando il sistema stazionario, monodimensionale, con un ingresso ed un'uscita:

$$\frac{\mathrm{d}m(t)}{\mathrm{d}t} = G_{out} - G_{in} = 0 \Rightarrow G_{out} = G_{in} = G$$

Potenza meccanica dovuta alle forze di superficie

Richiamando l'Equazione (1.17) scritta in forma di potenza, per un sistema aperto può essere esplicitata come:

$$W_{se}^s(t) = W_t(t) + W_0(t) + W_{sp}(t) \begin{cases} W_{se}^s(t) & = W_t(t) + W_0(t) + \sum_{k=1}^{NC} \pm (p \cdot v)_k \cdot G_k \\ W_{se}^s(t) & = W_t(t) + W_0(t) + \dfrac{\mathrm{d}(pV)}{\mathrm{d}t} \end{cases} \tag{3.4}$$

[1]

---

[1] Le medesime espressioni possono essere scritte in forma di energia come segue:

$$L_{se}^s = L_t + L_0 + L_{sp} \begin{cases} L_{se}^s & = L_t + L_0 + \sum_{k=1}^{NC} \int_{t1}^{t2} \pm (p \cdot v)_k \cdot G_k \cdot \mathrm{d}t \\ L_{se}^s & = L_t + L_0 + \Delta(pV) \end{cases}$$

Primo principio della termodinamica

Il Primo Principio della Termodinamica, con riferimento ai sistemi aperti, considerando $W_0 = 0$ W può essere scritto come:

$$\Phi - W_{se} = \frac{dE_c}{dt} + \frac{dU}{dt}$$

$$\Phi - \left(W_{se}^s + W_{se}^d\right) = \frac{dE_c}{dt} + \frac{dU}{dt}$$

$$\Phi - \left(W_t + W_{sp} + \frac{dE_p}{dt}\right) = \frac{dE_c}{dt} + \frac{dU}{dt} \tag{3.5}$$

$$\Phi - W_t = \frac{dE_c}{dt} + \frac{dU}{dt} + \frac{dE_p}{dt} + W_{sp}$$

che, introducendo le derivate sostanziali (VC volume di controllo) e la definizione di entalpia $H = U + pV$, (NC numero di condotti, in in ingresso, out in uscita):

$$\Phi - W_t = \frac{d}{dt}\left[U + E_c + E_p\right]_{VC} + \sum_{k=1}^{NC} \pm G_k\left(h + e_c + e_p\right)_k$$

$$\Phi - W_t = \frac{d}{dt}\left[U + E_c + E_p\right]_{VC} + \tag{3.6}$$

$$+ \sum_{i=1}^{NC_{out}} G_i\left(h + e_c + e_p\right)_i - \sum_{j=1}^{NC_{in}} G_j\left(h + e_c + e_p\right)_j$$

Invece, dall'equazione dell'energia cinetica, Equazione (1.18) in forma di potenza, introducendo i concetti precedentemente enunciati (per maggiori approfondimenti si faccia riferimento ai testi [1, 2]), per un sistema aperto si ha:

$$W_t + W_{att} + V\frac{dp}{dt} + \left[\frac{dE_c}{dt} + \frac{dE_p}{dt}\right]_{VC} + \sum_{k=1}^{NC} \pm G_k\left(e_c + e_p\right)_k = 0 \tag{3.7}$$

Nel caso di due condotti (ingresso ed uscita), in condizioni stazionarie:

$$G = G_{in} = G_{out}$$

$$W_t + W_{att} + V\frac{dp}{dt} + G \cdot \left(\Delta e_c + \Delta e_p\right) = 0 \tag{3.8}$$

$$W_t + W_{att} + V\frac{dp}{dt} + G \cdot \left[\frac{w_{out}^2 - w_{in}^2}{2} + g \cdot \left(z_{out} - z_{in}\right)\right] = 0$$

dove l'energia cinetica specifica è $e_c = w^2/2$ (con w velocità del fluido), e l'energia potenziale specifica è $e_p = g\,z$ (con g accelerazione di gravità e z quota). Dividendo l'Equazione (3.8) per la portata G si ottiene:

$$l_t + l_{att} + \int v\,dp + \Delta e_c + \Delta e_p = 0 \tag{3.9}$$

Secondo principio della termodinamica

L'espressione generale del secondo principio è:

$$\sum_{i=1}^{NR} \frac{\Phi_i}{T_i} + \Sigma_{irr} = \frac{dS}{dt} \tag{3.10}$$

dove nella sommatoria si considerano le riserve i-esime (sorgenti/pozzi), con NR numero di riserve; si ricorda che per ogni flusso termico è necessario considerare il relativo segno (positivo se entrante nel sistema, negativo se uscente dal sistema).

Considerando che l'entropia è una grandezza estensiva, introducendo la derivata sostanziale, può essere riscritta come:

$$\sum_{i=1}^{NR} \frac{\Phi_i}{T_i} + \Sigma_{irr} = \left(\frac{dS}{dt}\right)_{VC} + \sum_{k=1}^{NC} \pm G_k \cdot s_k \qquad (3.11)$$

Osservazione: per ragionare e svolgere i calcoli, risulta di fondamentale importanza la scelta dei **volumi di controllo**.

Si consideri, ad esempio un compressore. I volumi di controllo ipotetici adottabili, risultano molteplici.

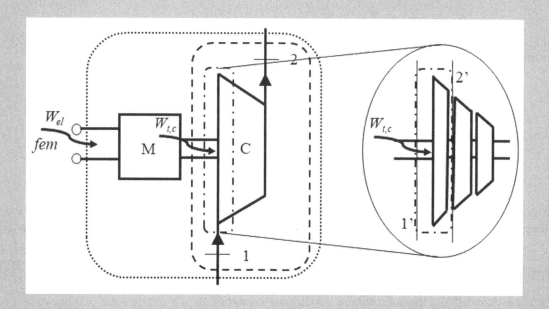

In figura sono rappresentati tre differenti volumi di controllo:

- Con la linea tratteggiata, si è evidenziato il volume di controllo che comprende la sezione di aspirazione e quella di mandata del compressione, oltre all'albero motore. Per questo sistema, ad esempio, è possibile scrivere il primo principio come segue:

$$\Phi - W_{t,c} = G\left[\left(h_2 - h_1\right) + \left(\frac{w_2^2 - w_1^2}{2}\right) + g\left(z_2 - z_1\right)\right]$$

- Con la linea puntinata, invece, si è incluso al volume di controllo precedente il motore elettrico che alimenta il compressore:

$$\Phi_{el} - W_{el} = G\left[\left(h_2 - h_1\right) + \left(\frac{w_2^2 - w_1^2}{2}\right) + g\left(z_2 - z_1\right)\right]$$

- Con la linea tratto-punto si è evidenziato il primo stadio della palettatura del compressore (1'-2'). In questo ultimo caso, per applicare il primo principio è necessario conoscere i parametri geometrici della macchina oltre ad alcune nozioni di gas-dinamica (che non sono oggetto di questo corso).

3.1 Turbina a gas

Per la risoluzione dell'esercizio è necessario conoscere: le trasformazioni notevoli, il primo ed il secondo principio della termodinamica.

Una portata d'aria di $G = 4.5 \text{ kg s}^{-1}$, fluisce in condizioni stazionarie attraverso una turbina, producendo una potenza meccanica di $W_t = 1.100 \text{ MW}$. Le condizioni dell'aria all'uscita dalla turbina sono $p_2 = 1.2 \text{ bar}$ e $t_2 = 47\,^\circ\text{C}$. Ipotizzando l'espansione adiabatica e reversibile, considerando il modello di gas ideale, conoscendo il calore specifico a pressione costante $c_p = 1010 \text{ J kg}^{-1}\text{K}^{-1}$, la costante elastica $R^* = 287 \text{ J kg}^{-1}\text{K}^{-1}$, e la variazione di energia cinetica e potenziale tra ingresso ed uscita trascurabili, calcolare la temperatura t_1 e la pressione p_1 all'ingresso della turbina.

** *Soluzione* **

Dati

- Adiabatica: $Q = 0 \text{ J}$;
- Trasformazione reversibile $\Sigma_{irr} = 0 \text{ W K}^{-1}$;
- Condizioni stazionarie;

	Grandezza	Simbolo	Valore	Unità di misura
	calore specifico a pressione costante	c_p	1010	$\text{J kg}^{-1}\text{K}^{-1}$
Aria	costante elastica	R^*	287	$\text{J kg}^{-1}\text{K}^{-1}$
	portata massica	G	4.5	kg s^{-1}
Stato finale: 2	pressione	p_2	1.2×10^5	Pa
	temperatura	T_2	320.15	K
	potenza meccanica	W_t	1.100	MW

Schema del sistema

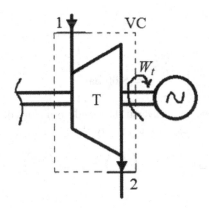

Calcolo della temperatura nello stato iniziale

La temperatura dell'aria in ingresso si può calcolare attraverso il primo principio della termodinamica per i sistemi aperti, scritto nell'ultima relazione dell'Equazione (3.6) nel caso stazionario $\left(\frac{d}{dt}\left(U + E_c + E_p\right)_{VC} = 0 \text{ W}\right)$ e, considerando trascurabili le variazioni di energia cinetica e potenziale del fluido tra ingresso ed uscita $\Delta e_c = \Delta e_p = 0 \text{ J kg}^{-1}$, un condotto di ingresso ed uno di uscita, si può scrivere:

$$\Phi - W_t = G \cdot \Delta h \tag{3.12}$$

Il processo, oltre ad essere stazionario è anche adiabatico $\left(\Phi = 0 \text{ W}\right)$, per cui:

$$-W_t = G \cdot \Delta h \tag{3.13}$$

Con l'assunzione di modello di gas ideale, l'Equazione (3.13) può essere sviluppata come:

$$-W_t = G \cdot \left(h_2 - h_1\right) = G \cdot c_p \cdot \left(T_2 - T_1\right) \tag{3.14}$$

che, in forma specifica, per la turbina diventa:

$$l_t = -\left(h_2 - h_1\right) = -c_p \cdot \left(T_2 - T_1\right) > 0 \tag{3.15}$$

Dalla Equazione (3.14):

$$\boxed{\begin{aligned}
-W_t &= G \cdot c_p \cdot \left(T_2 - T_1\right) \\
T_1 &= T_2 + \frac{W_t}{G \cdot c_p} = \\
&= 320.15 + \frac{1.100 \times 10^6}{4.5 \cdot 1010} = 562.02 \text{ K}
\end{aligned}}$$

Calcolo dell'esponente della adiabatica

Dalla relazione di Mayer, e dalla relazione dell'esponente della adiabatica $\gamma = c_p/c_v$:

$$\boxed{\gamma = \frac{c_p}{c_p - R^*} = \frac{1010}{1010 - 287} = 1.397}$$

Calcolo della pressione ad inizio compressione

Sfruttando la relazione tra pressione e temperatura caratteristico della trasformazione adiabatica reversibile: $p^{(1-\gamma)}T^\gamma = \text{cost}$:

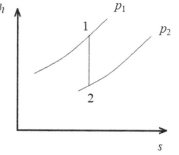

$$\boxed{\begin{aligned}
p_1 &= p_2 \left(\frac{T_1}{T_2}\right)^{\frac{\gamma}{\gamma - 1}} = \\
&= 1.2 \cdot \left(\frac{562.02}{320.15}\right)^{\frac{1.397}{1.397 - 1}} = 8.69 \text{ bar}
\end{aligned}}$$

Allo stesso risultato si poteva giungere attraverso il secondo principio della termodinamica, ricordando che una adiabatica reversibile è anche isoentropica $\Delta s = 0 \text{ J kg}^{-1} \text{ K}^{-1}$:

$$\Delta s = c_p \cdot \ln\left(\frac{T_2}{T_1}\right) + R^* \ln\left(\frac{p_1}{p_2}\right) = 0 \tag{3.16}$$

$$\ln\left(\frac{T_2}{T_1}\right)^{-c_p/R^*} = \ln\left(\frac{p_1}{p_2}\right)$$

$$p_1 = p_2\left(\frac{T_2}{T_1}\right)^{-c_p/R^*} = 8.69 \text{ bar}$$

Osservazione: le temperature in ingresso ed in uscita considerate nell'esercizio sono unicamente a scopo dimostrativo e non conformi con quelle dei sistemi reali. Le temperature reali, specialmente in uscita, risultano più elevate. Infatti, spesso i cicli a gas vengono utilizzati negli impianti a ciclo combinato, sfruttando i fumi di scarico del ciclo a gas (che si trovano ad alta temperatura) come sorgente termica per fornire calore nel generatore di vapore del ciclo a vapore.

3.2 Compressore in caso di compressione adiabatica & isoterma

Per la risoluzione dell'esercizio è necessario conoscere: le trasformazioni notevoli, il teorema dell'energia cinetica, il primo ed il secondo principio della termodinamica, le equazioni costitutive di calore e lavoro.

Una portata d'aria viene compressa, attraverso un compressore a deflusso (in regime stazionario), a partire dalla condizione iniziale di temperatura $t_1 = 22$ °C. Le pressioni tra le quali opera consentono la riduzione del volume specifico ad un quinto rispetto a quello iniziale. Si calcoli il lavoro tecnico specifico l_t nei due diversi casi:

a.   Trasformazione adiabatica;
b.   Trasformazione isoterma.

Si ipotizzi il gas ideale con calore specifico a volume costante $c_v = $ cost, $R^* = 287 \text{ J kg}^{-1}\text{ K}^{-1}$ e l'esponente della adiabatica $\gamma = 1.4$, la trasformazione priva di attriti e trascurabili le variazioni di energia cinetica e potenziale tra ingresso ed uscita del compressore.

*************************************** *Soluzione* ***************************************

Dati

	Grandezza	Simbolo	Valore	Unità di misura
Aria	costante elastica	R^*	287	$\text{J kg}^{-1}\text{ K}^{-1}$
	esponente adiabatica	γ	1.4	—
Stato iniziale: 1	temperatura	T_1	295.15	K
Stato finale: 2	volume specifico	$v_2 = \frac{v_1}{5}$		$\text{m}^3\text{ kg}^{-1}$

Schema del sistema

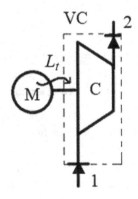

Nota la costante elastica R^* e l'esponente dell'adiabatica $\gamma = c_p/c_v$, sfruttando la relazione di Mayer è possibile ottenere:

$$
\begin{aligned}
c_v &= \frac{R^*}{\gamma - 1} = \frac{287}{1.4 - 1} = 718 \text{ J kg}^{-1}\text{K}^{-1} \\
c_p &= c_v + R^* = 1005 \text{ J kg}^{-1}\text{K}^{-1}
\end{aligned}
$$

Caso a. Adiabatica

Con le ipotesi introdotte, applicando il primo principio della termodinamica per un fluido che segue il modello di gas ideale, ed un sistema stazionario, adiabatico, in cui le variazioni di energia cinetica e potenziale tra ingresso ed uscita siano trascurabili, è possibile ottenere l'Equazione (3.14), la cui forma specifica si ottiene dividendo per la portata G, diventa:

$$l_t = -c_p \cdot (T_2 - T_1) < 0 \tag{3.17}$$

Considerando l'equazione della trasformazione adiabatica reversibile:

$$T_1 v_1^{(\gamma-1)} = T_2 v_2^{(\gamma-1)} \Rightarrow \frac{T_2}{T_1} = \left(\frac{v_1}{v_2}\right)^{\gamma-1}$$

e, mettendo a sistema le due equazioni precedenti:

$$
\begin{aligned}
l_t &= -c_p \cdot T_1 \cdot \left(\frac{T_2}{T_1} - 1\right) = \\
&= -c_p \cdot T_1 \cdot \left(\left(\frac{v_1}{v_2}\right)^{\gamma-1} - 1\right) = \\
&= -1005 \cdot 295.15 \cdot \left(5^{1.4-1} - 1\right) = \\
&= -268.05 \text{ kJ kg}^{-1}
\end{aligned}
$$

Alla stessa soluzione si poteva giungere attraverso l'equazione di Bernoulli generalizzata:

$$l_t + l_{att} + \Delta e_p + \Delta e_c + \int_1^2 v \, dp = 0 \tag{3.18}$$

Introducendo nella Eq.(3.18) le ipotesi adottate, e nell'integrale la relazione tra pressione e volume specifico della adiabatica reversibile, si ottiene:

$$
\begin{aligned}
l_t &= -\int_1^2 v \, dp = -\int_{p_1}^{p_2} v_1 \left(\frac{p_1}{p}\right)^{\frac{1}{\gamma}} dp = -p_1 v_1 \int_{p_1}^{p_2} p^{-\frac{1}{\gamma}} \, dp = \\
&= -\frac{\gamma}{\gamma-1} p_1 v_1 \left[\left(\frac{p_2}{p_1}\right)^{\frac{\gamma-1}{\gamma}} - 1\right] = -\frac{\gamma}{\gamma-1} R^* T_1 \left[\left(\frac{v_1}{v_2}\right)^{\gamma-1} - 1\right] = \\
&= -\frac{\gamma}{\gamma-1} R^* T_1 \left[\left(\frac{T_2}{T_1}\right) - 1\right] = -268.05 \text{ kJ kg}^{-1}
\end{aligned}
$$

Caso b. Isoterma

Per calcolare il lavoro specifico tecnico nel caso isotermo conviene applicare l'equazione generalizzata di Bernoulli Eq. (3.18) (teorema dell'energia cinetica per i sistemi aperti) mettendola a sistema con la relazione caratteristica della trasformazione isoterma ($pv = p_1 v_1 = $cost):

$$l_t = -\int_1^2 v \, dp = -p_1 v_1 \int_1^2 p^{-1} dp \tag{3.19}$$

$$l_t = -p_1 v_1 \int_1^2 p^{-1} dp = R^* T_1 \ln\left(\frac{p_1}{p_2}\right) = R^* T_1 \ln\left(\frac{v_2}{v_1}\right) =$$
$$= 287 \cdot 295.15 \cdot \ln\left(\frac{1}{5}\right) = -136.33 \text{ kJ kg}^{-1}$$

Allo stesso risultato si giunge applicando il primo principio della termodinamica, introducendo le ipotesi precedentemente esposte:

$$\Phi - W_t = G\Delta h =$$
$$= G\, c_p (T_2 - T_1) = 0$$
$$\Phi - W_t = 0$$

che, divisa per la portata G, diventa:

$$q - l_t = 0$$

E' possibile scrivere l'equazione costitutiva del calore (1.27) in forma specifica, nello spazio $p - T$:

$$q = \int_\Gamma \tilde{q} = \int_\Gamma c_p(p, T)\, dT + \int_\Gamma \lambda_p(p, T)\, dp$$

che, per un gas ideale, diventa:

$$q = \int_\Gamma \tilde{q} = \int_\Gamma c_p(T)\, dT + \int_\Gamma -v\, dp$$

Sostituendola nel primo principio, scritto precedentemente, considerando che $dT = 0$ K, si ottiene:

$$l_t = -\int_1^2 v\, dp$$

Il procedimento sarebbe stato analogo considerando l'equazione costitutiva del calore nello spazio $v - T$ (Equazione (1.22)), con $dT = 0$ K, giungendo all'equazione $l_t = \int_1^2 p\, dv$.

3.3 Potenza fornita al compressore

Per la risoluzione dell'esercizio è necessario conoscere: il primo principio della termodinamica.

Una macchina elabora una portata di aria $G = 1.8$ kg s^{-1}, che viene aspirata in condizioni stazionarie, alla pressione $p_1 = 1$ bar e temperatura $t_1 = 25$ °C da un compressore, che può ritenersi adiabatico verso l'esterno. La portata di aria viene successivamente riscaldata in una camera di combustione, priva di perdite di carico[2], ipotizzata essere alla temperatura costante di $t_{cc} = 1050$ °C. Qui l'aria riceve un flusso termico di $\Phi_1 = 560$ kW e, successivamente, espande in turbina, fino al raggiungimento delle seguenti condizioni di pressione e temperatura $p_4 = 1$ bar, $T_4 = 430$ K. Conoscendo la potenza ottenuta in turbina $W_e = 704.3$ kW, calcolare la potenza spesa per compressione, ipotizzando il calore specifico a pressione costante $c_p = 1020$ J kg^{-1} kg^{-1} costante, il processo stazionario e le variazioni di energia cinetica e potenziale tra ingresso ed uscita dagli elementi meccanici trascurabili.

*********************************** *Soluzione* ***********************************

[2]

Le **perdite di carico** sono variazioni di pressione dovute alle resistenze dinamiche che si sviluppano a causa della viscosità del fluido, diminuendone il contenuto energetico.

Dati

	Grandezza	Simbolo	Valore	Unità di misura
Aria	portata	G	1.8	$\mathrm{kg\,s^{-1}}$
	calore specifico a pressione costante	c_p	1020	$\mathrm{J\,kg^{-1}\,K^{-1}}$
Stato 1	temperatura	T_1	298.15	K
	pressione	p_1	10^5	Pa
Camera di combustione	temperatura	T_{cc}	1323.15	K
	pressione	$p_3 = p_2$		
	potenza termica	Φ_1	560	kW
Stato 4	temperatura	T_4	430	K
	pressione	p_4	10^5	Pa
	potenza turbina	W_e	704.3	kW

Osservazione: la temperatura della camera di combustione è un dato superfluo rispetto alla risoluzione della richiesta del problema.

Schema del sistema

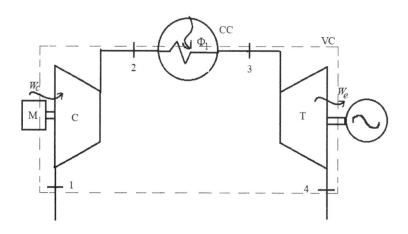

Applicando il primo principio della termodinamica al volume di controllo indicato in figura, considerando le convenzioni di segno e le ipotesi di stazionarietà, variazioni di energia cinetica e potenziale tra ingresso ed uscita trascurabili, dalla Equazione (3.12), si ottiene:

$$\Phi_1 - \left(W_e + W_c\right) = G\left(h_4 - h_1\right) \tag{3.20}$$

L'aria è assimilabile ad un gas ideale per cui:

$$W_c = \Phi_1 - W_e - G\,c_p\left(T_4 - T_1\right) \tag{3.21}$$

$$\boxed{W_c = 560 \times 10^3 - 704.3 \times 10^3 - 1.8 \cdot 1020 \cdot \left(430 - 298.15\right) = -386.38\ \mathrm{kW}}$$

3.4 Irreversibilità del sistema dell'Esercizio 3.3

> Per la risoluzione dell'esercizio è necessario conoscere: il primo ed il secondo principio della termodinamica.

Calcolare le irreversibilità generate nel il sistema proposto nell'Esercizio 3.3 (tutti i dati e le ipotesi introdotte nel suddetto esercizio sono da considerarsi invariate). Inoltre, il compressore aspira aria direttamente dall'ambiente esterno.

Dati

	Grandezza	Simbolo	Valore	Unità di misura
Aria	portata	G	1.8	$\mathrm{kg\,s^{-1}}$
	calore specifico a pressione costante	c_p	1020	$\mathrm{J\,kg^{-1}\,K^{-1}}$
Stato 1	temperatura	T_1	298.15	K
	pressione	p_1	10^5	Pa
Camera di combustione	temperatura	T_{cc}	1323.15	K
	pressione	$p_3 = p_2$		
	potenza termica	Φ_1	560	kW
Stato 4	temperatura	T_4	430	K
	pressione	p_4	10^5	Pa
	potenza turbina	W_e	704.3	kW

Calcolo della produzione di irreversibilità

Per valutare le irreversibilità prodotte, è necessario considerare il secondo principio della termodinamica, applicato al volume di controllo considerato (sistema aperto già evidenziato nell'Esercizio 3.3):

$$\sum_{i=1}^{NR} \frac{\Phi_i}{T_i} + \Sigma_{irr} = \underbrace{\left(\frac{\mathrm{d}S}{\mathrm{d}t}\right)}_{0}{}_{VC} + \sum_{k=1}^{NC} \pm G_k \cdot s_k$$

$$\frac{\Phi_1}{T_{cc}} + \Sigma_{irr} = G\left[\Delta s_c + \Delta s_{cc} + \Delta s_e\right] \tag{3.22}$$

dove l'aria viene assimilata ad un gas ideale, quindi:

$$\Delta s_c = \left[c_p \ln\left(\frac{T_2}{T_1}\right) - R^* \ln\left(\frac{p_2}{p_1}\right)\right]$$

$$\Delta s_{cc} = \left[c_p \ln\left(\frac{T_3}{T_2}\right) - R^* \ln\left(\frac{p_3}{p_2}\right)\right]$$

$$\Delta s_e = \left[c_p \ln\left(\frac{T_4}{T_3}\right) - R^* \ln\left(\frac{p_4}{p_3}\right)\right]$$

Per il calcolo della temperatura in uscita dal compressore e quella in ingresso in turbina è possibile applicare il primo principio della termodinamica ai singoli componenti, essendo note rispettivamente la potenza all'albero in ingresso al compressore ed in uscita dalla turbina, con le seguenti ipotesi:

- entrambi gli elementi sono adiabatici verso l'esterno $\Phi_c = \Phi_e = 0$ W;
- regime stazionario $\frac{\mathrm{d}}{\mathrm{d}t}\left[U + E_c + E_p\right]_{VC} = 0$ W;
- aria considerata come gas ideale;
- sono trascurabili le variazioni di energia cinetica e potenziale tra ingresso ed uscita degli elementi meccanici $\Delta e_{c,12} = \Delta e_{p,12} = \Delta e_{c,34} = \Delta e_{p,34} = 0$ kJ kg^{-1}.

Primo principio applicato al compressore:

$$\Phi_c - W_c = \frac{\mathrm{d}}{\mathrm{d}t}\left[U + E_c + E_p\right]_{VC} + G\left[\left(h_2 - h_1\right) + \Delta e_{c,12} + \Delta e_{p,12}\right]$$

$$-W_c = G\,c_p\left(T_2 - T_1\right)$$

$$\Rightarrow T_2 = T_1 - \frac{W_c}{G\,c_p}$$

$$T_2 = 298.15 - \frac{-386.38 \cdot 10^3}{1.8 \cdot 1020} = 508.59 \text{ K}$$

Primo principio applicato alla turbina:

$$\Phi_e - W_e = \frac{\mathrm{d}}{\mathrm{d}t}\left[U + E_c + E_p\right]_{VC} + G\left[\left(h_4 - h_3\right) + \Delta e_{c,34} + \Delta e_{p,34}\right]$$

$$-W_e = G\,c_p\left(T_4 - T_3\right)$$

$$\Rightarrow T_3 = T_4 + \frac{W_e}{G\,c_p}$$

$$T_3 = 430 + \frac{704.3 \cdot 10^3}{1.8 \cdot 1020} = 813.61 \text{ K}$$

Osservazione: la valutazione numerica che si adotterà in questo particolare caso, risulta semplificata e **non generalizzabile**, in quanto:

- Si considerano tutti gli elementi adiabatici verso l'esterno;
- Da testo, non si ha una variazione delle proprietà del fluido (c_p), neanche in funzione della temperatura, ma si ha un c_p = costante in tutti gli elementi;
- Poiché non variano le proprietà del fluido, potendo analizzare l'aria con il modello di gas ideale ed essendo il sistema privo di cadute di pressione, è possibile valutare la variazione di entropia dell'aria, anche senza conoscere i rapporti manometrici di compressione degli elementi ($p_4 = p_1$ da testo, ma anche $p_2 = p_3$) poiché si semplificano tra loro. Questo differisce da quanto accade nella realtà.

Sviluppando l'Equazione (3.22), si ottiene:

$$\begin{aligned}
\frac{\Phi_1}{T_{cc}} + \Sigma_{irr} &= G\left\{c_p\left[\ln\left(\frac{T_2}{T_1}\right) + \ln\left(\frac{T_3}{T_2}\right) + \ln\left(\frac{T_4}{T_3}\right)\right] + \right. \\
&\quad \left. -R^*\left[\ln\left(\frac{p_2}{p_1}\right) + \ln\left(\frac{p_3}{p_2}\right) + \ln\left(\frac{p_4}{p_3}\right)\right]\right\} = \\
&= G\left[c_p \ln\left(\frac{T_2}{T_1} \cdot \frac{T_3}{T_2} \cdot \frac{T_4}{T_3}\right) - R^* \ln\left(\frac{p_2}{p_1} \cdot \frac{p_3}{p_2} \cdot \frac{p_4}{p_3}\right)\right] = \\
&= G\left[c_p \ln\left(\frac{T_2}{T_1} \cdot \frac{T_3}{T_2} \cdot \frac{T_4}{T_3}\right) - R^* \ln\left(\frac{p_4}{p_1}\right)\right] = \\
&= G\,c_p \ln\left(\frac{T_4}{T_1}\right) - G\,R^* \ln\left(1\right)
\end{aligned} \tag{3.23}$$

da cui:

$$\Sigma_{irr} = G\, c_p\, \ln\left(\frac{T_4}{T_1}\right) - \frac{\Phi_1}{T_{cc}} =$$

$$= 1.8 \cdot 1020 \cdot \ln\left(\frac{430.00}{298.15}\right) - \frac{560 \cdot 10^3}{1323.15} = 249.1\ \mathrm{W\,K^{-1}}$$

3.5 Temperatura di uscita, potenza e generazione di entropia per un compressore

Per la risoluzione dell'esercizio è necessario conoscere: le trasformazioni notevoli, il primo ed il secondo principio della termodinamica, il rendimento isoentropico.

Una portata d'aria $G = 2.3\ \mathrm{kg\,s^{-1}}$ viene compressa, in condizioni stazionarie, attraverso una macchina dal rendimento isoentropico $\eta_{is} = 83\%$, e dal rapporto barometrico di compressione $\beta = 4.17$ da una temperatura iniziale $t_1 = 15°\mathrm{C}$. Calcolare la temperatura di uscita dell'aria, la potenza tecnica e la generazione di entropia nell'ipotesi di calore specifico a pressione costante $c_p = 1010\ \mathrm{J\,kg^{-1}\,K^{-1}}$ costante, variazioni di energia cinetica e potenziale tra ingresso ed uscita del compressore trascurabili.

** *Soluzione* **

Dati

	Grandezza	Simbolo	Valore	Unità di misura
Aria	portata	G	2.3	$\mathrm{kg\,s^{-1}}$
	costante elastica	R^*	287	$\mathrm{J\,kg^{-1}\,K^{-1}}$
	calore specifico a pressione costante	c_p	1010	$\mathrm{J\,kg^{-1}\,K^{-1}}$
Stato iniziale: 1	temperatura	T_1	288.15 K	
Stato finale: 2	rapporto di compressione $\beta = \frac{p_2}{p_1}$		4.17	
	rendimento isoentropico	η_{is}	0.83	

Schema del sistema

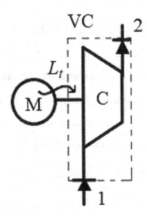

Le ipotesi che si possono adottare in questo caso sono:

- Stazionarietà $\left(\dfrac{\mathrm{d}}{\mathrm{d}t}\left(U + E_c + E_p\right)_{VC} = 0 \text{ W}\right)$;
- Trasformazione adiabatica $\Phi = 0$ W;
- Variazioni di energia cinetica e potenziale tra ingresso ed uscita della macchina trascurabili $\Delta e_p = \Delta e_c = 0 \text{ J kg}^{-1}$;
- Comportamento dell'aria assimilabile a quello di un gas ideale;
- Calori specifici costanti durante la trasformazione.

Nota la costante elastica R^*, il calore specifico a pressione costante, attraverso la relazione di Mayer, è possibile calcolare l'esponente dell'adiabatica $\gamma = c_p/c_v$:

$$\boxed{\begin{aligned} \gamma &= \frac{c_p}{c_p - R^*} = \\ &= \frac{1010}{1010 - 287} = 1.397 \end{aligned}}$$

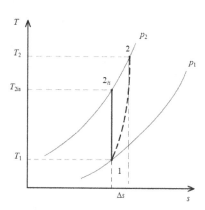

Calcolo della temperatura di uscita dal compressore

Il rendimento isoentropico di compressione è definito come:

$$\eta_{is} = \frac{l_t^{id}}{l_t^{re}} \tag{3.24}$$

che, con le ipotesi introdotte può essere scritto come:

$$\eta_{is} = \frac{G \cdot \Delta h^{id}}{G \cdot \Delta h^{re}} = \frac{G \cdot c_p\left(T_{2,is} - T_1\right)}{G \cdot c_p\left(T_2 - T_1\right)} = \frac{T_{2,is} - T_1}{T_2 - T_1} \tag{3.25}$$

Da cui:

$$T_2 = T_1 + \frac{T_{2,is} - T_1}{\eta_{is}} \tag{3.26}$$

Noto l'esponente della adiabatica, è possibile calcolare la temperatura di uscita isoentropica:

$$T_{2,is} = T_1 \left(\frac{p_2}{p_1}\right)^{\frac{\gamma-1}{\gamma}} = T_1 \beta^{\frac{\gamma-1}{\gamma}} \tag{3.27}$$

$$\boxed{T_{2,is} = T_1 \beta^{\frac{\gamma-1}{\gamma}} = 288.15 \cdot 4.17^{\frac{1.397-1}{1.397}} = 432.35 \text{ K}}$$

Una volta calcolata la $T_{2,is}$, dalla Equazione (3.26) si può calcolare la temperatura di uscita reale T_2:

$$\boxed{T_2 = T_1 + \frac{T_{2,is} - T_1}{\eta_{is}} = 288.15 + \frac{432.35 - 288.15}{0.83} = 461.89 \text{ K}}$$

Calcolo della potenza di compressione

La potenza motrice si può calcolare attraverso il primo principio della termodinamica al compressore, considerando le ipotesi introdotte:

$$\boxed{\begin{aligned} W_t &= -G \cdot \Delta h = -G \cdot c_p \cdot \left(T_2 - T_1\right) = \\ &= -2.3 \cdot 1010 \cdot \left(461.89 - 288.15\right) = \\ &= -403.58 \text{ kW} \end{aligned}}$$

Calcolo della produzione di irreversibilità

Il secondo principio della termodinamica, per il volume di controllo considerato (sistema aperto) può essere scritto come segue:

$$\sum_{i=1}^{NR} \frac{\Phi_i}{T_i} + \Sigma_{irr} = \left(\frac{\mathrm{d}S}{\mathrm{d}t}\right)_{VC} + \sum_{k=1}^{NC} \pm G_k \cdot s_k \tag{3.28}$$

La produzione di irreversibilità, quindi, si ottiene applicando il secondo principio della termodinamica per i sistemi aperti al compressore, introducendo le ipotesi precedentemente formulate:

$$\sum_{i=1}^{NR} \cancel{\frac{\Phi_i}{T_i}}^{0} + \Sigma_{irr} = \cancel{\left(\frac{\mathrm{d}S}{\mathrm{d}t}\right)}^{0}{}_{VC} + G(s_2 - s_1) \tag{3.29}$$

$$\boxed{\begin{aligned} \Sigma_{irr} = G \cdot \Delta s &= G\left[c_p \ln\left(\frac{T_2}{T_1}\right) - R^* \ln\left(\frac{p_2}{p_1}\right)\right] = \\ &= 2.3 \cdot \left[1010 \cdot \ln\left(\frac{461.89}{288.15}\right) - 287 \cdot \ln(4.17)\right] = 153.15 \,\mathrm{W\,K^{-1}} \end{aligned}}$$

3.6 Compressore FOSNV e FOSV

Per la risoluzione dell'esercizio è necessario conoscere: le trasformazioni notevoli, il teorema dell'energia cinetica, il primo ed il secondo principio della termodinamica.

Una portata di aria[3] in condizioni stazionarie, a pressione iniziale $p_1 = 1$ bar e temperatura di aspirazione $t_1 = 18°C$, fluisce attraverso un compressore con rapporto barometrico di compressione $\beta_{12} = 6.5$, subendo una trasformazione $1 \mapsto 2$ adiabatica reversibile. Considerando un secondo compressore, in cui la stessa portata di aria viene compressa adiabaticamente, attraverso una trasformazione politropica $1 \mapsto 3$, dallo stesso stato di aspirazione 1 ad uno stato 3, alla pressione di $p_3 = 4.5$ bar, utilizzando la stessa potenza motrice impiegata dal primo compressore, calcolare il lavoro per unità di massa dissipato per attrito nel secondo compressore, assumendo in entrambi i casi per l'aria il calore specifico a pressione costante $c_p = 1020 \,\mathrm{J\,kg^{-1}\,K^{-1}}$, la costante elastica $R^* = 287 \,\mathrm{J\,kg^{-1}\,K^{-1}}$ e le variazioni di energia cinetica e potenziale tra ingresso ed uscita degli elementi meccanici trascurabili.

******************************** *Soluzione* ********************************

Le ipotesi che si possono adottare in questo caso sono:

- Stazionarietà $\left(\dfrac{\mathrm{d}}{\mathrm{d}t}(U + E_c + E_p)_{VC} = 0 \,\mathrm{W}\right)$;
- Trasformazione adiabatica $\Phi = 0 \,\mathrm{W}$;
- Variazioni di energia cinetica e potenziale tra ingresso ed uscita della macchina trascurabili $\Delta e_p = \Delta e_c = 0 \,\mathrm{J\,kg^{-1}}$;
- Comportamento dell'aria assimilabile a quello di un gas ideale;
- Calori specifici costanti durante la trasformazione.

---
[3]

Osservazione: l'acronimo **FOSNV** significa fluido omogeneo semplice non viscoso mentre **FOSV** significa fluido omogeneo semplice viscoso.

Dati

	Grandezza	Simbolo	Valore Unità di misura
Aria	costante elastica	R^*	287 J kg^{-1} K^{-1}
	calore specifico a pressione costante	c_p	1020 J kg^{-1} K^{-1}
	portata	$G_{12} = G_{13}$	
	potenza motrice	$W_{t,12} = W_{t,13}$	
Stato iniziale: 1	temperatura	T_1	291.15 K
	pressione	p_1	1×10^5 Pa
Stato finale: 2	rapporto di compressione	$\beta = \frac{p_2}{p_1}$	6.5
Stato finale: 3	pressione	p_3	4.5×10^5 Pa

Nota la costante elastica R^*, il calore specifico a pressione costante, attraverso la relazione di Mayer, è possibile calcolare l'esponente dell'adiabatica reversibile $\gamma = c_p/c_v$:

$$\boxed{\begin{aligned} \gamma &= \frac{c_p}{c_p - R^*} = \\ &= \frac{1020}{1020 - 287} = 1.392 \end{aligned}}$$

$1 \mapsto 2$ Calcolo della temperatura di uscita dal compressore

Noto l'esponente della adiabatica reversibile, è possibile calcolare la temperatura di uscita dal primo compressore, dalla relazione $pv^\gamma = \text{cost}$:

$$T_2 = T_1 \left(\frac{p_2}{p_1}\right)^{\frac{\gamma-1}{\gamma}} = T_1 \beta^{\frac{\gamma-1}{\gamma}} \tag{3.30}$$

$$\boxed{T_2 = T_1 \beta^{\frac{\gamma-1}{\gamma}} = 291.15 \cdot 6.5^{\frac{1.392-1}{1.392}} = 493.00 \text{ K}}$$

Osservazione: nota la temperatura in uscita del compressore, sarebbe stato possibile calcolare il lavoro all'albero per unità di massa del compressore (trasformazione adiabatica):

$$l_{t,12} = -c_p \cdot (T_2 - T_1) = -1020 \cdot (493.00 - 291.15) = -205.89 \text{ kJ kg}^{-1}$$

$1 \mapsto 3$ Calcolo delle grandezze per il secondo compressore

La potenza motrice si può calcolare attraverso il primo principio della termodinamica (Equazione (3.6)), applicato al compressore, che considerando le ipotesi introdotte diventa:

$$W_{t,13} = G_{13} \cdot l_{t,13} = -G_{13} \cdot \Delta h_{13} = -G_{13} \cdot c_p \cdot (T_3 - T_1)$$

ma, essendo uguali nei due compressori, sia la potenza all'albero $(W_{t,13} = W_{t,12})$ sia la portata di aria $(G_{13} = G_{12})$, si avrà: $l_{t,13} = l_{t,12}$, quindi:

$$\boxed{\begin{aligned} -c_p \cdot (T_3 - T_1) &= -c_p \cdot (T_2 - T_1) \\ T_3 &= T_2 = 493.00 \text{ K} \end{aligned}}$$

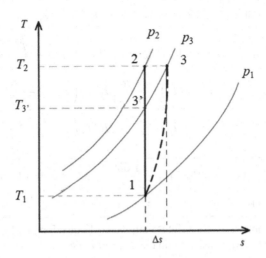

Dal testo si evince che la trasformazione, nel secondo compressore, possa essere descritta dall'equazione $pv^n = \text{cost}$, da cui è possibile calcolare l'esponente della politropica n:

$$p_1^{\frac{1-n}{n}} T_1 = p_3^{\frac{1-n}{n}} T_3$$

$$\ln\left(\frac{T_1}{T_3}\right) = \frac{n-1}{n} \ln\left(\frac{1}{\beta_{13}}\right)$$

$$n = \frac{\ln\left(\frac{1}{\beta_{13}}\right)}{\ln\left(\frac{1}{\beta_{13}}\right) - \ln\left(\frac{T_1}{T_3}\right)}$$

(3.31)

Da cui:

$$n = \frac{\ln\left(\frac{1}{4.5}\right)}{\ln\left(\frac{1}{4.5}\right) - \ln\left(\frac{291.15}{493.00}\right)} = 1.539$$

Per valutare il lavoro di attrito per unità di massa, è possibile utilizzare l'equazione dell'energia cinetica:

$$l_t + l_{att} + \int_\Gamma v\, \mathrm{d}p + \Delta e_c + \Delta e_p = 0$$

che, esplicitata nel caso del secondo compressore diventa:

$$l_{att} = -l_{t,13} - \int_1^3 v\, dp - \left(\frac{w_3^2 - w_1^2}{2}\right) - g(z_3 - z_1)$$

(3.32)

Per entrambi i compressori, per ipotesi, è possibile trascurare la variazione di energia cinetica e potenziale tra ingresso ed uscita macchina.

Per il primo compressore, il lavoro all'albero specifico è già stato calcolato attraverso il primo principio della termodinamica. Tuttavia potrebbe essere ricavato anche dall'equazione dell'energia cinetica, considerando come in questo caso il lavoro di attrito sia nullo e sia nota la relazione tra pressione e volume nella trasformazione:

$$l_{t,12} = -c_p \cdot (T_2 - T_1)$$

$$l_{t,12} = -\int_1^2 v\, \mathrm{d}p = -v_1 p_1^{\frac{1}{\gamma}} \int_1^2 p^{-\frac{1}{\gamma}}\, \mathrm{d}p =$$

$$= -\frac{\gamma}{\gamma-1} R^* T_1 \left(\beta_{12}^{\frac{\gamma-1}{\gamma}} - 1\right)$$

(3.33)

L'Equazione (3.32) può essere riscritta, considerando che $l_{t,13} = l_{t,12} = -c_p \cdot (T_2 - T_1) = -c_p \cdot (T_3 - T_1)$:

$$l_{att} = -l_{t,13} - \int_1^3 v \, dp = c_p \cdot (T_3 - T_1) - \int_1^3 v \, dp$$

$$l_{att} = c_p \cdot (T_3 - T_1) - \frac{n}{n-1} R^* T_1 \left(\beta_{13}^{\frac{n-1}{n}} - 1 \right) = \qquad (3.34)$$

$$= c_p \cdot (T_3 - T_1) - \frac{n}{n-1} R^* T_1 \left(\beta_{13}^{\frac{n-1}{n}} - 1 \right)$$

$$\boxed{\begin{array}{l} l_{att} = 1020 \cdot (493.00 - 291.15) - \dfrac{1.539}{1.539 - 1} 287 \cdot 291.15 \cdot \left(4.5^{\frac{1.539-1}{1.539}} - 1 \right) = \\[2mm] = 40.45 \text{ kJ kg}^{-1} \end{array}}$$

Il lavoro di attrito specifico poteva essere valutato attraverso l'equazione dell'energia cinetica, Equazione (3.32), messa a sistema con l'Equazione (3.33), considerando che $l_{t,13} = l_{t,12}$:

$$l_{att} = -l_{t,13} - \int_1^3 v \, dp = + \int_1^2 v \, dp - \int_1^3 v \, dp$$

$$l_{att} = \frac{\gamma}{\gamma - 1} R^* T_1 \left(\beta_{12}^{\frac{\gamma-1}{\gamma}} - 1 \right) - \frac{n}{n-1} R^* T_1 \left(\beta_{13}^{\frac{n-1}{n}} - 1 \right) = \qquad (3.35)$$

$$= R^* T_1 \cdot \left[\frac{\gamma}{\gamma - 1} \left(\beta_{12}^{\frac{\gamma-1}{\gamma}} - 1 \right) - \frac{n}{n-1} \left(\beta_{13}^{\frac{n-1}{n}} - 1 \right) \right]$$

$$\boxed{\begin{array}{l} l_{att} = 287 \cdot 291.15 \cdot \left[\dfrac{1.392}{1.392 - 1} \left(6.5^{\frac{1.392-1}{1.392}} - 1 \right) - \dfrac{1.539}{1.539 - 1} \left(4.5^{\frac{1.539-1}{1.539}} - 1 \right) \right] = \\[2mm] = 40.45 \text{ kJ kg}^{-1} \end{array}}$$

Osservazioni

Osservazione 1: dalle relazioni ricavate è possibile ottenere una ulteriore equazione che esprime il rapporto tra lavoro di attrito ed il modulo del lavoro tecnico lungo una politropica di esponente n. Ricordando che $R^* = c_p \cdot \frac{\gamma - 1}{\gamma}$, dopo alcuni passaggi algebrici:

$$\frac{l_{att}}{l_t} = \frac{n - \gamma}{\gamma(n - 1)}$$

dove si può notare come il rapporto non dipenda dagli estremi della trasformazione.

Osservazione 2: assumendo che il calore per unità di massa scambiato lungo la politropica sia numericamente uguale al lavoro per unità di massa dissipato per attrito, è possibile visualizzare i diversi contributi del lavoro ideale, del lavoro reale e del lavoro di attrito, *in modulo*, sul piano di Gibbs, $T - s$, attraverso una particolare costruzione grafica. Si noti che le aree sottese dalle curve nel piano di Gibbs corrispondono al calore scambiato.

- Lavoro ideale (1-3'): $l_c^{id} = h_1 - h_{3'} = -c_p (T_{3'} - T_1) = c_p T_1 \left(1 - \beta_{13}^{\frac{\gamma-1}{\gamma}} \right)$;

Questo lavoro, in modulo, è visualizzabile nel diagramma $T - s$ considerando il calore scambiato lungo la trasformazione isobara (p_3) tra 1' e 3' (dove per costruzione $T_1 = T_{1'}$):

$$q_{1'3'} = \int_{1'}^{3'} T \, ds = c_p (T_{3'} - T_{1'}) = \text{Area} (1_0 3' 1' 1'_0 1_0)$$

evidenziato con linee orizzontali in figura.

- Lavoro reale (1-3): $l_c^r = h_1 - h_3 = -c_p (T_3 - T_1)$.

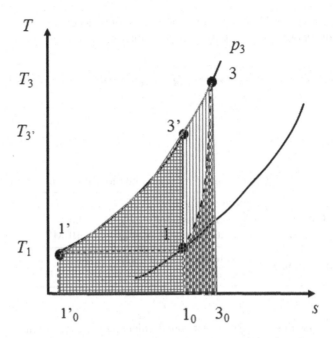

Questo lavoro, in modulo, è visualizzabile nel diagramma $T-s$ considerando il calore scambiato lungo la trasformazione isobara (p_3) tra 1' e 3 (dove per costruzione $T_1 = T_{1'}$):

$$q_{1'3} = \int_{1'}^{3} T \, ds = c_p \left(T_3 - T_{1'} \right) = \text{Area} \left(3_0 31'1'_0 3_0 \right)$$

evidenziato con linee verticali in figura.

* Lavoro di attrito: per le ipotesi introdotte

$$l_{att} = q_{13} = \int_{1}^{3} c_c \, dT = \frac{n \, c_v - c_p}{n - 1} (T_3 - T_1) = \text{Area} \left(1_0 13 3_0 1_0 \right)$$

evidenziato con la quadrettatura in figura.

Si osservi come il modulo del lavoro di compressione nel caso irreversibile risulti maggiore rispetto al modulo del lavoro ideale di compressione, non solo per la porzione di area dovuta agli attriti, $l_{att} = \text{Area} \left(3_0 31'1'_0 3_0 \right)$, ma anche per la quantità riferita all'Area $(13'31)$, denominata lavoro di contro-recupero. Il lavoro di contro-recupero è dovuto alla necessità di contrastare la tendenza spontanea del fluido ad aumentare di volume specifico durante la compressione reale, dovuta alla temperatura finale maggiore che si raggiunge nel caso reale.

Quindi, il contro-recupero è un effetto termodinamico legato alla variazione di densità che avviene durante la compressione.

3.7 Generatore di calore

Per la risoluzione dell'esercizio è necessario conoscere: il primo principio, l'entalpia del combustibile.

Calcolare la portata di combustibile di una generatore di calore che presenta una perdita al camino $P_c = 6\%$ ed una perdita di calore per imperfetto isolamento della caldaia e del bruciatore (perdite per dispersione) $P_d = 0.7\%$. La potenza termica che riceve il fluido è pari a 19 MW. Il potere calorifico inferiore del combustibile è $H_i = 40200 \text{ kJ kg}^{-1}$. Si trascurino le variazioni di energia cinetica e potenziale, e si consideri il processo stazionario.

************************************* *Soluzione* *************************************

Dati

	Grandezza	Simbolo	Valore	Unità di misura
Caldaia	perdite al camino	P_c	6	%
	perdite per dispersione	P_d	0.6	%
	potenza utile	Φ_{ut}	19	MW
Combustibile	potere calorifico inferiore	H_i	40.2	MJ kg^{-1}

L'ipotesi di adiabaticità verso l'esterno di un generatore di calore può essere accettata solo in prima approssimazione. Una parte della potenza termica generata viene dispersa nell'ambiente esterno attraverso l'involucro della caldaia ed attraverso i fumi della combustione che, fuoriuscendo caldi, trasportano al loro interno una quota parte di potenza non utilizzata per scaldare il fluido.

Nella combustione ideale tutta l'energia chimica del combustibile viene convertita in energia termica, per cui l'entalpia dei prodotti della combustione (i fumi) dovrebbe essere uguale alla somma di quella dell'aria e del combustibile in ingresso[4].

Quindi, idealmente, la potenza termica generata nella caldaia è pari al prodotto tra la portata di combustibile ed il potere calorifico inferiore del combustibile: $\Phi_{gen}^{id} = G_{co} \cdot H_i$, ovvero l'entalpia dei prodotti della combustione (fumi) dovrebbe risultare pari alla somma di quella dell'aria e del combustibile in ingresso. Tuttavia, una parte dell'energia chimica viene persa: l'entalpia associata ai fumi. Scrivendo il bilancio energetico (primo principio della termodinamica), relativo al volume di controllo rappresentato in figura, si ha che il flusso termico sviluppato nel generatore di calore è dato da:

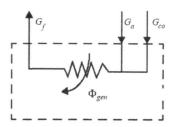

$$-|\Phi_{gen}| = G_f \, h_f - G_a \, h_a - G_{co} \, h_{co} - G_{co} \, H_i \qquad (3.36)$$

dove h_{co} è l'entalpia specifica del combustibile inerte.

Quindi, una parte di potenza termica viene dispersa al camino, attraverso i fumi e sarà pari a:

$$\Phi_{gen}^{id} - |\Phi_{gen}| = G_f \, h_f - G_a \, h_a - G_{co} \, h_{co}$$

.

4

Osservazione: Nell'entalpia del combustibile è necessario considerare sia il contributo apportato dal potere calorifico (inferiore), ovvero l'energia per unità di massa che si ottiene convertendo completamente il vettore energetico (in condizioni standard, senza tenere conto del calore latente di vaporizzazione dell'acqua generata durante la combustione), H_i, sia quella che fisicamente possiede nelle condizioni di ingresso (entalpia del combustibile inerte), h_{co}.

Le perdite al camino P_c sono definite come:

$$P_c = \frac{G_f\, h_f - G_a\, h_a - G_{co}\, h_{co}}{G_{co}\, H_i} \tag{3.37}$$

Inoltre, a causa dell'isolamento termico imperfetto e della differenza di temperatura rispetto all'ambiente esterno, si ha una potenza termica dispersa attraverso l'involucro che è espressa rispetto alla potenza chimica associata alla portata di combustibile:

$$|\Phi_d| = P_d \cdot G_{co} \cdot H_i \tag{3.38}$$

Quindi, dalla potenza termica ottenuta dalla combustione Φ_{gen} si dovranno decurtare le perdite per imperfetto isolamento termico Φ_d della macchina, il resto è trasferito al fluido e costituisce l'effetto utile Φ_{ut}.

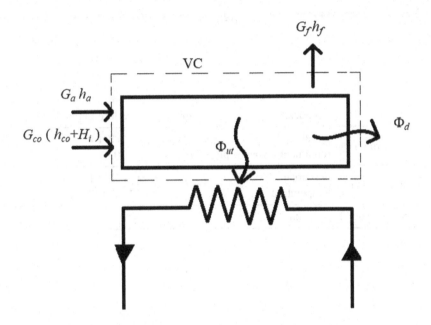

In Figura è rappresentato uno schema dei flussi che sono coinvolti complessivamente nel generatore. Applicando il primo principio:

$$-|\Phi_{ut}| - |\Phi_d| = G_f\, h_f - G_a\, h_a - G_{co}\, h_{co} - G_{co}\, H_i$$

$$-|\Phi_{ut}| - P_d \cdot G_{co} \cdot H_i = P_c \cdot G_{co} \cdot H_i - G_{co}\, H_i$$

$$|\Phi_{ut}| = G_{co} \cdot H_i \cdot \left(1 - P_c - P_d\right) \tag{3.39}$$

$$G_{co} = \frac{|\Phi_{ut}|}{H_i \cdot \left(1 - P_c - P_d\right)}$$

Da cui:

$$
\boxed{
\begin{aligned}
G_{co} &= \frac{|\Phi_{ut}|}{H_i \cdot \left(1 - P_c - P_d\right)} = \\
&= \frac{19 \cdot 10^6}{40.2 \cdot 10^6 \cdot \left(1 - 0.06 - 0.006\right)} = \\
&= 0.506 \ \text{kg s}^{-1}
\end{aligned}
}
$$

3.8 Turbina a vapore & rendimento isoentropico

> Per la risoluzione dell'esercizio è necessario conoscere: le miscele liquido-vapore, le proprietà specifiche del fluido, il primo principio della termodinamica.

Una portata $G = 3.4 \, \text{kg s}^{-1}$ di vapore viene fatta espandere dalle condizioni iniziali $p_1 = 80$ bar e $t_1 = 550°C$ alla pressione di $p_2 = 3.25$ bar, in una turbina, avente un rendimento isoentropico pari a $\eta_{is,e} = 84\%$. Calcolare l'entalpia specifica in uscita dalla turbina e la potenza all'albero fornita dalla turbina, trascurando le variazioni di energia cinetica e potenziale tra ingresso ed uscita, considerando il processo stazionario e la macchina adiabatica.

*********************************** *Soluzione* ***********************************

Dati

	Grandezza	Simbolo	Valore	Unità di misura
Turbina	portata	G	3.4	kg s^{-1}
	rendimento isoentropico	$\eta_{is,e}$	0.84	
Stato iniziale: 1	pressione	p_1	80×10^5	Pa
	temperatura	t_1	550	°C
Stato finale: 2	pressione	p_2	3.25×10^5	Pa

Schema del sistema

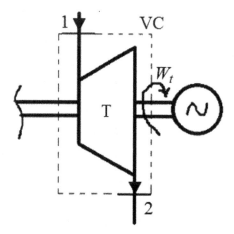

Si ricorda che, avendo come fluido operativo il vapore d'acqua, si devono utilizzare o le tabelle relative al vapore od il diagramma di Mollier, per ottenere le proprietà termodinamiche del fluido considerato.

Osservazione: nella figura è rappresentato l'andamento generico delle trasformazioni (ideale, rappresentato dalla linea continua, e reale, da quella tratteggiata) che avvengono durante l'espansione in una turbina, tra due livelli di pressione p_1 e p_2, con $p_2 < p_1$. L'esercizio prende in considerazione una turbina **a vapore**. Lo stato $2is$ potrebbe trovarsi all'interno della curva limite (condensazione parziale del vapore). Occorre, quindi, determinare se lo stato $2is$ si trovi all'interno, all'esterno o sulla curva limite.

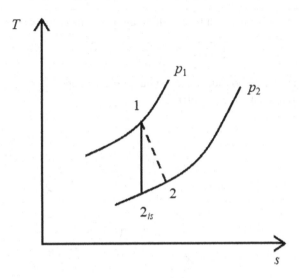

Determinazione degli stati 1 e 2 is

p_{sat} bar	t_{sat} °C	h_{ls} kJ kg^{-1}	h_{vs} kJ kg^{-1}	s_{ls} kJ kg^{-1} K^{-1}	s_{vs}
3.25	136.27	573.19	2728.6	1.7005	6.965
80	295.01	1317.1	2758.7	3.2077	5.745

Dalle tabelle di saturazione [8], alla pressione di $p_1 = 80$ bar si vede come la $t_1 > t_{sat}(80 \text{ bar})$ per cui lo stato 1 si trova nella zona di vapore surriscaldato. Dalle tabelle di vapore surriscaldato: $h_1 = 3521.8$ kJ kg^{-1} e $s_1 = 6.88$ kJ kg^{-1} K^{-1}.

Considerando la trasformazione isoentropica 1-2is, si ha: $s_{2is} = s_1 = 6.88$ kJ kg^{-1} K^{-1}. Questo valore è compreso all'interno della zona bifase poiché, alla pressione di 3.25 bar si ha: $s_{ls}(3.25 \text{ bar}) < s_{2is} < s_{vs}(3.25 \text{ bar})$. Conoscendo il valore di s_2 si può calcolare il titolo x_{2is}:

$$x_{2is} = \frac{s_{2is} - s_{ls}(3.25 \text{ bar})}{s_{vs}(3.25 \text{ bar}) - s_{ls}(3.25 \text{ bar})} = \frac{6.88 - 1.7005}{6.965 - 1.7005} = 0.984$$

Per cui:

$$h_{2is} = x_{2is} \cdot h_{vs}(3.25 \text{ bar}) + (1 - x_{2is})h_{ls}(3.25 \text{ bar}) = 2693.80 \text{ kJ kg}^{-1}$$

Determinazione dello stato 2

Noto il rendimento isoentropico di espansione, ipotizzando che la turbina operi in condizioni stazionarie, che la trasformazione sia adiabatica e che le variazioni di energia cinetica e potenziale tra ingresso ed uscita siano trascurabili, dal primo principio si avrà che il lavoro specifico all'albero sarà pari al salto entalpico tra ingresso ed uscita:

$$\eta_{is,e} = \frac{l_t^r}{l_t^{id}} = \frac{h_1 - h_2}{h_1 - h_{2is}} \qquad (3.40)$$

Da cui:

$$h_2 = h_1 - \eta_{is,e} \cdot \left(h_1 - h_{2is} \right) = 2826.28 \,\text{kJ}\,\text{kg}^{-1}$$
$$l_t^r = \eta_{is,e} \cdot l_t^{id} = \eta_{is,e}\left(h_1 - h_{2,is} \right) = 695.52 \,\text{kJ}\,\text{kg}^{-1}$$

La potenza è data dal prodotto tra la portata ed il lavoro all'albero per unità di massa:

$$W_t = G \cdot l_t^r = 2.365 \,\text{MW}$$

Al fine di ottenere i dati relativi al caposaldo 1 e 2_{is} si può procedere anche per via grafica (Diagramma di Mollier, tratto da [8] e completamente ridisegnato dagli autori).

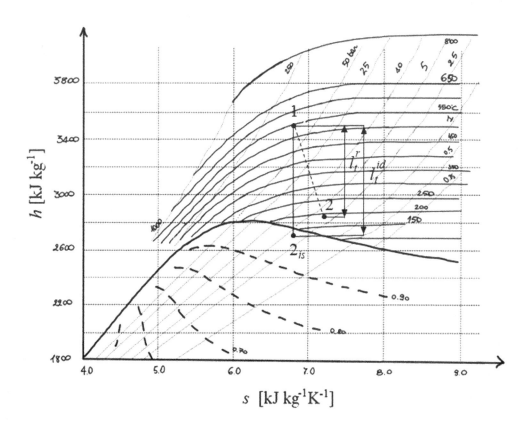

3.9 Condensazione parziale del vapore

Per la risoluzione dell'esercizio è necessario conoscere: le miscele liquido-vapore, le proprietà specifiche del fluido, il primo principio della termodinamica.

Si deve condensare parzialmente una portata di vapore $G = 1.2 \, \text{kg s}^{-1}$ uscente da una turbina in condizioni stazionarie, attraverso un condensatore, nell'ipotesi che non ci siano cadute di pressione in quest'ultimo elemento. All'uscita della turbina, il vapore si trova alla pressione $p = 3.75$ bar, con titolo del vapore $x_{in} = 0.95$. Si vuole conoscere il titolo in uscita dal condensatore, sapendo che la potenza termica scambiata nell'elemento sia pari a 0.35 MW.

******************************** *Soluzione* ********************************

Dati

	Grandezza	Simbolo	Valore	Unità di misura
	portata	G	1.2	kg s^{-1}
Condensatore	titolo iniziale	x_{in}	0.95	
	pressione	p	3.75	bar
	potenza termica scambiata	Φ	0.35	MW

Schema del sistema

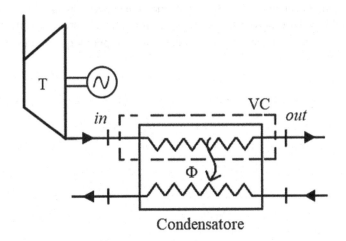

Condensatore

Entalpia del vapore

Si ricorda che l'entalpia specifica del vapore in ingresso al condensatore (uscita turbina) si può scrivere come:

$$h_{in} = x_{in} \cdot h_{vs}(3.75 \text{ bar}) + (1 - x_{in})h_{ls}(3.75 \text{ bar}) =$$
$$= x_{in}(h_{vs}(3.75 \text{ bar}) - h_{ls}(3.75 \text{ bar})) + h_{ls}(3.75 \text{ bar}) \tag{3.41}$$

Analogamente per quello in uscita si avrà:

$$h_{out} = x_{out} \cdot h_{vs}(3.75 \text{ bar}) + (1 - x_{out})h_{ls}(3.75 \text{ bar}) =$$
$$= x_{out}(h_{vs}(3.75 \text{ bar}) - h_{ls}(3.75 \text{ bar})) + h_{ls}(3.75 \text{ bar}) \tag{3.42}$$

Primo principio per i sistemi aperti lato vapore

Si ipotizza che l'elemento meccanico operi in condizioni stazionarie $\frac{d}{dt}|_{VC} = 0$ W e di trascurare le variazioni di energia cinetica e potenziale tra ingresso ed uscita ($\Delta e_c = \Delta e_p = 0$ J kg^{-1}). Si ricorda, inoltre, che si tratta di uno scambiatore, per cui, nel sistema non si hanno scambi di potenze all'albero $W_t = 0$ W. Applicando il primo principio al fluido si ha:

$$
\begin{aligned}
-\Phi = G \cdot (h_{out} - h_{in}) = \\
= G \cdot \Big(x_{out}\big(h_{vs}(3.75\,\text{bar}) - h_{ls}(3.75\,\text{bar})\big) + h_{ls}(3.75\,\text{bar}) + \\
- \big(x_{in}\big(h_{vs}(3.75\,\text{bar}) - h_{ls}(3.75\,\text{bar})\big) + h_{ls}(3.75\,\text{bar})\big)\Big) = \\
= G \cdot \big(x_{out} - x_{in}\big) \cdot \big(h_{vs}(3.75\,\text{bar}) - h_{ls}(3.75\,\text{bar})\big) = \\
= G \cdot \Delta x \cdot r
\end{aligned}
\tag{3.43}
$$

Dove $r = h_{vs} - h_{ls}$, calore di vaporizzazione a 3.75 bar, dalle tabelle: $r = h_{vs} - h_{ls} = 2735.10 - 594.73 = 2140.4$ kJ kg^{-1}, per cui:

$$
\boxed{
\begin{aligned}
\Delta x = x_{out} - x_{in} = \frac{-\Phi}{G \cdot r} = \frac{-0.35 \cdot 10^3}{1.2 \cdot 2140.4} = -0.1363 \\
\Rightarrow x_{out} = x_{in} + \Delta x = 0.8137
\end{aligned}
}
$$

Osservazione: il fatto che la condensazione fosse parziale poteva anche essere dedotto osservando come il calore per unità di massa scambiato dal vapore nel processo (con titolo iniziale prossimo alla curva limite superiore) sia molto minore rispetto alla quantità necessaria per fare condensare il vapore a quella pressione $q = \frac{\Phi}{G} = \frac{0.35 \cdot 10^3}{1.2} = 291.7$ kJ kg^{-1} $<< r(3.75\,\text{bar})$.

4

Macchine termiche e cicli diretti

I concetti dalla teoria

Le **macchine termiche** sono dispositivi che permettono il trasferimento o la conversione da una forma di energia ad un'altra (da termica a meccanica, da meccanica a termica, da chimica a termica, etc.). Queste macchine devono avere un funzionamento ciclico poiché se ciò non accadesse, dopo un certo periodo di tempo, si porterebbero in equilibrio con l'ambiente esterno, diventando inutilizzabili. Le macchine termiche possono essere classificate in modi diversi, uno di questi è la suddivisione in due grandi famiglie:

1. **Motori** (dirette) le quali operano ciclicamente convertendo l'energia termica in energia meccanica, scambiando con l'ambiente esterno complessivamente quantità **nette** di calore e di lavoro positive;
2. **Operatrici** (indirette) le quali operano ciclicamente, scambiando complessivamente quantità **nette** di calore e di lavoro negative; possono essere ulteriormente suddivise in:
   - **Frigoriferi**, in cui l'effetto utile è costituito dal calore sottratto ad·un sistema alla temperatura più bassa;
   - **Pompe di calore**, in cui l'effetto utile è costituito dal calore fornito ad un sistema alla temperatura più alta.

Per le **macchine bitermiche** cicliche (funzionanti tra due sorgenti termiche T^+ e T^- con $T^+ > T^-$, in cui il fluido operativo, alla fine del ciclo torna alle condizioni iniziali) si hanno rispettivamente lavoro e calore netto: $L_n(\mathbb{C}) = L^+(\mathbb{C}) - L^-(\mathbb{C})$ e $Q_n(\mathbb{C}) = Q^+(\mathbb{C}) - Q^-(\mathbb{C})$. Inoltre, attraverso il primo principio:

$$L_{se}(\mathbb{C}) = L_i(\mathbb{C}) = L(\mathbb{C}) = Q(\mathbb{C})$$
$$Q(\mathbb{C}) = Q^+(\mathbb{C}) - Q^-(\mathbb{C})$$

(4.1)

Macchina	$Q_n(\mathbb{C})$	$L_n(\mathbb{C})$
Motori	> 0	> 0
Macchine operatrici	< 0	< 0

L'efficienza di una macchina termica può essere espressa come segue:

$$\varepsilon = \left(\frac{\text{energia utile}}{\text{energia spesa}} \right)_{\text{ciclo}}$$

(4.2)

Permette di associare ad ogni ciclo un parametro di merito che consente di valutare la bontà delle scelte progettuali nel definire il ciclo di una macchina termica.

© Springer-Verlag Italia 2022
R. Borchiellini et al., *Esercizi di Termodinamica Applicata*,
https://doi.org/10.1007/978-88-470-4016-8_4

Rendimento di un motore:

$$\eta = \frac{L_n(\mathbb{C})}{Q^+(\mathbb{C})} \leq 1 \tag{4.3}$$

Efficienza di un frigorifero (o COP):

$$\varepsilon_F = \frac{Q^+(\mathbb{C})}{|L_n(\mathbb{C})|} = \frac{Q^+(\mathbb{C})}{Q^-(\mathbb{C}) - Q^+(\mathbb{C})} \geq 0 \tag{4.4}$$

Efficienza di una pompa di calore (o COP):

$$\varepsilon_{PC} = \frac{Q^-(\mathbb{C})}{|L_n(\mathbb{C})|} = \frac{Q^-(\mathbb{C})}{Q^-(\mathbb{C}) - Q^+(\mathbb{C})} \geq 1 \tag{4.5}$$

Teorema e rendimento di Carnot: Il teorema di Carnot afferma che il rendimento massimo si ottenga attraverso un ciclo costituito da trasformazioni reversibili. Inoltre, questo rendimento non dipende dal fluido evolvente nel ciclo ma unicamente dalle temperature delle sorgenti ideali di calore (termostati). Affinché le trasformazioni in cui il fluido scambia calore con i termostati siano reversibili, queste devono essere isoterme, alla medesima temperatura delle sorgenti.

$$\frac{Q^+}{T^+} = \frac{Q^-}{T^-} \tag{4.6}$$

$$\eta_C = 1 - \frac{T^-}{T^+} \tag{4.7}$$

Osservazione

Spesso, quando si trattano le macchine reversibili si usano indistintamente i termini *macchina reversibile* e *ciclo reversibile*. Tuttavia, è possibile effettuare una distinzione tra i due termini. Infatti, per **macchina reversibile** si intendono come reversibili sia le trasformazioni del ciclo, sia i sistemi che stanno assorbendo o cedendo calore (termostati). Il sistema macchina reversibile è quello rappresentato a sinistra nella figura. Quando si considera il **ciclo reversibile**, invece, ci si riferisce alla figura di destra, nella quale il fluido evolve tra due temperature T^{*+} e T^{*-}, differenti dalle temperature delle sorgenti termiche della macchina. Queste differenze finite di temperatura tra quelle dei termostati e quelle di evoluzione del fluido, consentono di evidenziare le irreversibilità esterne, dovute al disequilibrio termico esistente tra le sorgenti ed fluido percorrente il ciclo.

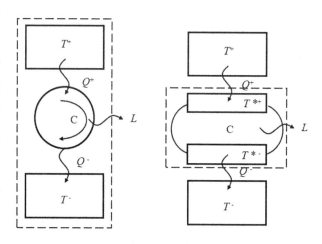

Macchine ad aria standard: ipotesi

- Il fluido evolvente all'interno della macchina è una massa fissa di aria, che non subisce reazioni chimiche (la sua composizione chimica è invariante);
- Lavoro di immissione ed estrazione fluido vengono trascurati;

- Il processo di combustione interna è rappresentato attraverso un processo di scambio termico in cui la sorgente esterna fornisce calore al fluido attraverso uno scambiatore di calore;
- Tutte le trasformazioni del ciclo sono internamente reversibili;
- Le fasi di introduzione di fluido dall'esterno e di scarico dei prodotti della combustione, tipiche della macchina reale, vengono sostituite da un processo di scambio di calore con l'ambiente esterno (scambiatore a bassa temperatura);
- Il fluido operativo (aria) è descritta attraverso l'equazione di stato dei gas ideali, con valori costanti dei calori specifici (non si considera la loro variazione in funzione della temperatura);
- Il lavoro scambiato con l'esterno coincide con il lavoro interno (l'energia cinetica è sempre nulla o trascurabile);
- Non vengono considerate le perdite di carico nei condotti;
- Nei motori alternativi è sempre la stessa quantità di gas che viene trasformata in momenti diversi, quindi è necessario modellizzarli come sistemi chiusi;

4.1 Impianto motore reversibile

> Per la risoluzione dell'esercizio è necessario conoscere: le macchine termiche, il primo ed il secondo principio della termodinamica.

Sia un impianto a motore reversibile, operante ciclicamente tra le temperature $T_1 = 730$ K e $T_2 = 293$ K. Calcolare la potenza termica minima Φ_1 che deve essere fornita alla macchina e quella che deve essere ceduta Φ_2, quando la potenza erogata dalla stessa è di $W = 12$ MW.

*********************************** *Soluzione* ***********************************

Dati

	Grandezza	Simbolo	Valore	Unità di misura
Macchina	Temperatura termostato 1	T_1	730	K
termica	Temperatura termostato 2	T_2	293	K
reversibile	Potenza fornita dal ciclo	W	12×10^6	W

Schema del sistema

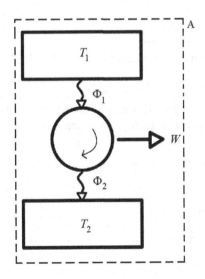
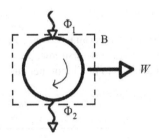

Reversibilità del sistema

Considerando il volume di controllo A nella Figura (sistema isolato) e la reversibilità del sistema, è possibile scrivere il secondo principio come:

$$\left(\frac{\mathrm{d}S}{\mathrm{d}t}\right)_{Uni} = \Sigma_{irr} = 0 = \left(\frac{\mathrm{d}S}{\mathrm{d}t}\right)_{T_1} + \left(\frac{\mathrm{d}S}{\mathrm{d}t}\right)_{ciclo} + \left(\frac{\mathrm{d}S}{\mathrm{d}t}\right)_{T_2} =$$
$$= -\frac{|\Phi_1|}{T_1} + 0 + \frac{|\Phi_2|}{T_2} \tag{4.8}$$

dove i pedici T_1 e T_2 sono riferiti al termostato 1 e 2 e *ciclo* al ciclo della macchina reversibile. Dalla relazione precedente si ottiene:

$$-\frac{|\Phi_1|}{T_1} + 0 + \frac{|\Phi_2|}{T_2} = 0 \tag{4.9}$$

Inoltre, è possibile scrivere il primo principio in forma di potenza (volume di controllo A):

$$\Phi_1 - |\Phi_2| - W = 0 \Rightarrow |\Phi_2| = \Phi_1 - W \tag{4.10}$$

Mettendo a sistema le due equazioni precedenti si ha:

$$\Phi_1\frac{T_2}{T_1} = \Phi_1 - W \Rightarrow \Phi_1 = \frac{W}{\left(1 - \frac{T_2}{T_1}\right)} \tag{4.11}$$

Per cui, è possibile calcolare la potenza termica minima che deve essere fornita alla macchina. Si ricorda che, quando si tratta il secondo principio, la temperatura considerata è quella termodinamica, per cui nell'effettuare i calcoli è necessario esprimere questa grandezza in K.

$$\boxed{\begin{aligned}\Phi_1 &= \frac{W}{\left(1 - \frac{T_2}{T_1}\right)} = \\ &= \frac{12}{\left(1 - \frac{293}{730}\right)} = 20\,\mathrm{MW}\end{aligned}}$$

Il modulo della potenza termica ceduta dalla macchina Φ_2 sarà:

$$\boxed{\begin{aligned}|\Phi_2| &= \Phi_1 - W = \\ &= 20 - 12 = 8\,\mathrm{MW}\end{aligned}}$$

Che, essendo ceduta al pozzo a T_2 avrà segno < 0. La potenza termica sarà allora: $\Phi_2 = -8\,\mathrm{MW}$.

Metodo alternativo

Un procedimento alternativo, più immediato nel caso in cui si abbiano a disposizione due termostati, è quello di considerare che, a parità di temperature estreme, per ottenere la minima potenza termica da fornire ad una macchina reversibile si debba considerare il ciclo di Carnot, per cui:

$$\eta_c = \frac{W}{\Phi_1} = \frac{\Phi_1 - \Phi_2}{\Phi_1} = 1 - \frac{T_2}{T_1}$$

da cui:

$$\Phi_1 = \frac{W}{1 - \frac{T_2}{T_1}}$$

$$\Phi_2 = W\,\frac{T_2}{T_1 - T_2}$$

4.2 Ciclo di Carnot

Per la risoluzione dell'esercizio è necessario conoscere: le trasformazioni del ciclo di Carnot, il primo ed il secondo principio della termodinamica.

Si consideri dell'aria, descrivibile attraverso il modello di gas ideale, percorrente un ciclo reversibile di Carnot. Le temperature massima e minima del ciclo sono rispettivamente di: 55°C e di 275°C. La pressione ad inizio compressione è pari a 1 bar, mentre il calore fornito per unità di massa ad ogni ciclo è pari a $q^+ = 110$ kJ kg^{-1}. Si calcolino pressione, volume specifico ed entropia specifica di tutti i capisaldi del ciclo ed il rendimento. Per l'aria si assumano $R^* = 287$ J kg^{-1} K^{-1} e l'esponente della adiabatica $\gamma = 1.4$. Lo stato di riferimento per il calcolo delle grandezze di stato è: $p_0 = 1$ bar e $T_0 = 273.15$ K.

*************************************** *Soluzione* ***************************************

Osservazioni

Si ricorda che un motore ciclico di Carnot è percorso da un fluido ideale e le relative trasformazioni sono reversibili (ideali). Le trasformazioni che percorre il ciclo sono a due a due uguali tra loro.

Capisaldi	Trasformazione (reversibile)	Descrizione
$1 \mapsto 2$	compressione adiabatica $pv^\gamma = \text{cost}$	il fluido viene compresso fino alla temperatura T^+
$2 \mapsto 3$	fornitura di calore q^+ isoterma $T_2 = T_3 = T^+$	il fluido riceve calore isotermicamente alla temperatura T^+
$3 \mapsto 4$	espansione adiabatica $pv^\gamma = \text{cost}$	il fluido espande fino alla temperatura T^-
$4 \mapsto 1$	cessione di calore q^- isoterma $T_4 = T_1 = T^-$	il fluido cede calore isotermicamente alla temperatura T^- fino a raggiungere lo stato iniziale.

Essendo le trasformazioni reversibili si ha anche: $s_1 = s_2$, $s_3 = s_4$.

Dati

	Grandezza	Simbolo	Valore	Unità di misura
Aria	esponente ad.	$\gamma = c_p/c_v$	1.4	
	costante elastica	R^*	287	J kg^{-1} K^{-1}
Temperature ciclo	temperatura massima	T^+	548.15	K
	temperatura minima	T^-	328.15	K
Calore	fornito	q^+	110	kJ kg^{-1}
Inizio compressione	pressione	p_1	1×10^5	Pa
Stato di riferimento	pressione	p_0	1×10^5	Pa
	temperatura	T_0	273.15	K

Soluzione

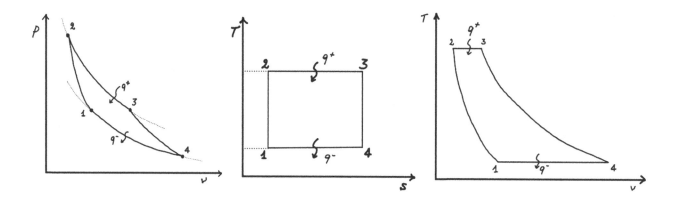

Note la costante elastica e l'esponente della adiabatica, attraverso la relazione di Mayer, è possibile calcolare i calori specifici a pressione e volume costante:

$$c_p - c_v = R^* \Rightarrow c_p\left(1 - \frac{c_v}{c_p}\right) = R^*$$

$$\Rightarrow c_p\left(1 - \frac{1}{\gamma}\right) = R^* \Rightarrow c_p = R^* \frac{\gamma}{\gamma - 1}$$

$$\Rightarrow c_p = 287 \cdot \frac{1.4}{1.4 - 1} = 1005 \text{ J kg}^{-1}\text{ K}^{-1}$$

e, analogamente:

$$c_p - c_v = R^* \Rightarrow c_v\left(\frac{c_p}{c_v}1\right) = R^*$$

$$\Rightarrow c_v(\gamma - 1) = R^* \Rightarrow c_v = R^* \frac{1}{\gamma - 1}$$

$$\Rightarrow c_v = 287 \cdot \frac{1}{1.4 - 1} = 718 \text{ J kg}^{-1}\text{ K}^{-1}$$

Stato di riferimento e caposaldo 1

Le grandezze di stato (quelle che presentano un differenziale esatto) sono definite a meno di una costante. Per calcolare il loro valore nei capisaldi, quindi, è necessario fissare uno stato di riferimento (fornito in questo caso dal testo).

Il secondo principio della termodinamica in forma specifica per un gas ideale, in funzione di T e p, può essere scritta come in Equazione (2.28), che integrata porta all'Equazione (2.30), considerando che lo stato di riferimento ed il caposaldo 1 si trovano alla stessa pressione, è possibile calcolare l'entropia specifica del caposaldo 1.

$$\boxed{\begin{aligned} s_1 - s_0 &= c_p \ln\left(\frac{T_1}{T_0}\right) \\ s_1 &= 1005 \cdot \ln\left(\frac{328.15}{273.15}\right) = 184.37 \text{ J kg}^{-1}\text{ K}^{-1} \end{aligned}}$$

Dall'equazione di stato dei gas ideali è possibile calcolare il volume specifico in 1:

$$\boxed{v_1 = \frac{R^* T_1}{p_1} = \frac{287 \cdot 328.15}{10^5} = 0.942 \text{ m}^3\text{ kg}^{-1}}$$

Caposaldo 2

Del caposaldo 2 è nota la temperatura $T_2 = T^+ = 548.15$ K e la trasformazione tra $1 \mapsto 2$ (adiabatica reversibile$\Rightarrow$ isoentropica) $\Rightarrow s_2 = s_1 = 184.37$ J kg^{-1} K^{-1}
$pv^\gamma = $ cost $\Rightarrow p^{1-\gamma}T^\gamma = $ cost

$$p_1^{1-\gamma}T_1^\gamma = p_2^{1-\gamma}T_2^\gamma$$

Da cui:

$$p_2 = p_1 \left(\frac{T_1}{T_2}\right)^{\frac{\gamma}{1-\gamma}} = 10^5 \left(\frac{328.15}{548.15}\right)^{\frac{1.4}{1-1.4}} = 6.02 \text{ bar}$$

Dall'equazione di stato dei gas ideali è possibile calcolare il volume specifico in 2:

$$v_2 = \frac{R^* T_2}{p_2} = \frac{287 \cdot 548.15}{6 \times 10^5} = 0.261 \text{ m}^3 \text{ kg}^{-1}$$

Caposaldo 3

La variazione di entropia, ricordando che è noto il calore fornito nella trasformazione isoterma $2 \mapsto 3$ può essere scritto come:

$$\Delta s_{2 \mapsto 3} = \frac{q^+}{T^+} = -R^* \ln\left(\frac{p_3}{p_2}\right) \tag{4.12}$$

Da cui:

$$s_3 = s_2 + \frac{q^+}{T^+} = 184.37 + \frac{110 \cdot 10^3}{548.15} = 385.04 \text{ J kg}^{-1} \text{ K}^{-1}$$

E, dall'ultimo membro dell'equazione della variazione di entropia si ha:

$$p_3 = p_2 \cdot \exp^{\frac{-q^+}{R^* T^+}} = 6.02 \times 10^5 \cdot \exp^{\frac{110}{0.287 \cdot 548.15}} = 2.99 \text{ bar}$$

Dall'equazione di stato dei gas ideali è possibile calcolare il volume specifico in 3:

$$v_3 = \frac{R^* T_3}{p_3} = \frac{287 \cdot 548.15}{2.99 \times 10^5} = 0.526 \text{ m}^3 \text{ kg}^{-1}$$

Caposaldo 4

Del caposaldo 4 si conosce la temperatura $T_4 = T^- = 328.15$ K e la trasformazione tra $3 \mapsto 4$ (adiabatica reversibile$\Rightarrow$ isoentropica) $\Rightarrow s_4 = s_3 = 385.04$ J kg^{-1} K^{-1}
$pv^\gamma = $ cost $\Rightarrow p^{1-\gamma}T^\gamma = $ cost

$$p_3^{1-\gamma}T_3^\gamma = p_4^{1-\gamma}T_4^\gamma$$

Da cui:

$$p_4 = p_3 \left(\frac{T_3}{T_4}\right)^{\frac{\gamma}{1-\gamma}} = 2.99 \times 10^5 \left(\frac{548.15}{328.15}\right)^{\frac{1.4}{1-1.4}} =$$
$$= 0.496 \text{ bar}$$

Analogamente per quanto visto per i precedenti capisaldi è possibile applicare l'equazione di stato dei gas ideali per calcolare il volume specifico:

$$v_4 = \frac{R^* T_4}{p_4} = \frac{287 \cdot 548.15}{0.496 \times 10^5} =$$
$$= 3.170 \text{ m}^3 \text{ kg}^{-1}$$

Calcolo del rendimento del ciclo di Carnot

Considerando le grandezze in valore assoluto è possibile scrivere il rendimento di Carnot come segue:

$$\eta_C = \frac{l_n}{q^+} = \frac{q^+ - q^-}{q^+} = 1 - \frac{q^-}{q^+} = 1 - \frac{T^-}{T^+} \tag{4.13}$$

$$\boxed{\begin{aligned} \eta_C &= 1 - \frac{T^-}{T^+} = 1 - \frac{328.15}{548.15} = \\ &= 0.401 \end{aligned}}$$

4.3 Impianto motore reversibile tritermico

Per la risoluzione dell'esercizio è necessario conoscere: il primo ed il secondo principio della termodinamica.

Sia un impianto motore a funzionamento ciclico, contenente un fluido che percorre una successioni di trasformazioni reversibili, scambiando calore con tre differenti sorgenti, rispettivamente alle temperature $T_1 = 430$ K, $T_2 = 293$ K e $T_3 = 210$ K. Per ogni ciclo alla macchina viene fornita una quantità di calore $Q_1 = 1250$ kJ dalla sorgente T_1 e produce un lavoro pari a $L = 130$ kJ. Si calcolino le quantità di calore scambiate con le altre due sorgenti.

*************************************** *Soluzione* **************************************

Dati

	Grandezza	Simbolo	Valore	Unità di misura
Macchina	Temperatura termostato 1	T_1	430	K
	Temperatura termostato 2	T_2	293	K
termica	Temperatura termostato 3	T_3	210	K
	Calore scambiato con il termostato 1	Q_1	1250	kJ
reversibile	Lavoro fornito dalla macchina	L	130	kJ

Schema del sistema

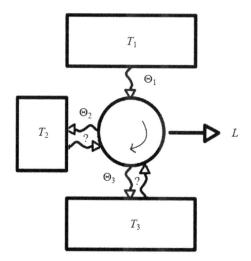

Poiché non si conoscono i versi degli scambi termici si adotterà il simbolo Θ per indicare lo scambio di calore, inteso come quantità algebrica, cioè non più considerata in modulo ma con il proprio segno. Applicando il primo principio all'intero ciclo, considerando che per un ciclo motore $L > 0$, si ha:

$$\Theta_1 + \Theta_2 + \Theta_3 - L = 0 \tag{4.14}$$

Applicando il secondo principio al motore si ottiene la seguente relazione:

$$\Delta S_{Uni} = \Delta S_{T_1} + \Delta S_{T_2} + \Delta S_{T_3} + \Delta S_{ciclo} = 0 \tag{4.15}$$

$$-\frac{\Theta_1}{T_1} - \frac{\Theta_2}{T_2} - \frac{\Theta_3}{T_3} + 0 = 0$$

Trattandosi di due equazioni in due incognite si ha:

$$\boxed{\begin{aligned} \Theta_2 &= \frac{\Theta_1\left(\frac{T_3}{T_2} - 1\right) + L}{\left(1 - \frac{T_3}{T_2}\right)} = \frac{1250 \cdot \left(\frac{210}{293} - 1\right) + 130}{\left(1 - \frac{210}{293}\right)} = -1798.7 \text{ kJ} \\ \Theta_3 &= L - \Theta_1 - \Theta_2 = 130 - 1250 - (1798.7) = 678.7 \text{ kJ} \end{aligned}}$$

4.4 Verificare fattibilità termodinamica di un impianto cogenerativo

> Per la risoluzione dell'esercizio è necessario conoscere: il primo ed il secondo principio della termodinamica.

Si vuole realizzare un impianto industriale con cogenerazione, avendo a disposizione un flusso termico $\Phi = 1.35$ MW alla temperatura $T_1 = 900$ K, producendo una potenza elettrica $P_{el} = 810$ kW. Contemporaneamente si vuole riscaldare in modo isobaro una portata di acqua da $t_{in} = 22°C$ a $t_{out} = 87°C$. Infine l'impianto dovrebbe cedere il 25% del calore assorbito da T_1 direttamente in atmosfera (temperatura $t_0 = 20°C$). Verificare da un punto di vista termodinamico la fattibilità dell'impianto.

** *Soluzione* **

Applicando il primo principio al ciclo (volume di controllo evidenziato in figura) si può scrivere:

$$\Phi_1 - \Phi_2 - \Phi_{ut} - P_{el} = 0$$
$$\Phi_1 - 0.25 \cdot \Phi_1 - \Phi_{ut} - P_{el} = 0$$

La potenza utile alla cogenerazione è quella necessaria all'utilizzatore, per portare l'acqua da t_{in} a t_{out}:

$$\Phi_{ut} = G \cdot c \cdot (T_{out} - T_{in})$$

che, messa a sistema con il primo principio scritto precedentemente consente di calcolare la portata di acqua da riscaldare:

$$G = \frac{\Phi_1 - 0.25 \cdot \Phi_1 - P_{el}}{c \cdot (T_{out} - T_{in})} = 0.744 \text{ kg s}^{-1}$$

Per verificare la fattibilità da un punto di vista termodinamico dell'impianto, è necessario che le irreversibilità generate risultino $\Sigma_{irr} > 0$. Per valutare Σ_{irr}, si applica il secondo principio:

$$\Sigma_{irr} = \left(\frac{dS}{dt}\right)_{H_2O} - \frac{\Phi_1}{T_1} + 0.25 \cdot \frac{\Phi_1}{T_0} = G \, \Delta s_{H_2O} - \frac{\Phi_1}{T_1} + 0.25 \cdot \frac{\Phi_1}{T_0}$$

	Dati		

Schema del sistema

	Grandezza	Simbolo	Valore	Udm
Acqua	calore specifico a pressione costante	c	4186	$J\,kg^{-1}\,K^{-1}$
	temperatura iniziale	T_{in}	295.15	K
	temperatura iniziale	T_{out}	360.15	K
Ciclo	potenza termica	Φ_1	$1.35 \cdot 10^6$	W
	temperatura	T_1	900	K
	potenza termica	$0.25 \cdot \Phi_1$	$337.5 \cdot 10^3$	W
	temperatura	T_0	293.15	K
	potenza	P_{el}	$810 \cdot 10^3$	W

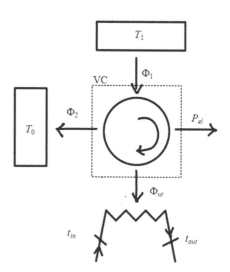

La variazione di entropia (processo isobaro) dell'acqua è data da:

$$\Delta s_{H_2O} = c_p \cdot \ln\left(\frac{T_{out}}{T_{in}}\right) = 833.17 \; J\,kg^{-1}\,K^{-1}$$

Quindi:

$$\Sigma_{irr} = G \cdot \Delta s_{H_2O} - \frac{\Phi_1}{T_1} + 0.25 \cdot \frac{\Phi_1}{T_0} =$$

$$= 0.744 \cdot 833.17 - \frac{1.35 \cdot 10^6}{900} + 0.25 \cdot \frac{1.35 \cdot 10^6}{293.15} = 271.36 \; W\,K^{-1}$$

Poiché $\Sigma_{irr} > 0 \; W\,K^{-1}$ l'impianto con tali condizioni è fattibile da un punto di vista termodinamico.

4.5 Ciclo Otto

Per la risoluzione dell'esercizio è necessario conoscere: le trasformazioni del ciclo Otto, il primo ed il secondo principio della termodinamica.

In un ciclo Otto ideale, ad aria standard, le condizioni di aspirazione sono $t_1 = 25°C$ e $p_1 = 1$ bar. Il rapporto (volumetrico) di compressione è $\rho = 7.8$, mentre la quantità di calore specifico fornita è pari a $q^+ = 961 \; kJ\,kg^{-1}$. Determinare, nell'ipotesi che tutte le trasformazioni siano reversibili:

*   La temperatura e la pressione massime del ciclo;
*   Il rendimento termodinamico del ciclo.

*************************************** *Soluzione* ***************************************

Dati

	Grandezza	Simbolo	Valore	Unità di misura
	costante elastica	R^*	287	J kg^{-1} K^{-1}
Aria standard	calore specifico a pressione costante	c_p	1005	J kg^{-1} K^{-1}
1	pressione	p_1	10^5	Pa
	temperatura	T_1	291.15	K
	rapporto volumetrico di compressione	$\rho = v_1/v_2 = $ $= v_4/v_3$	7.8	–
	calore massico fornito	$q^+ = q_{23}$	961	kJ kg^{-1}

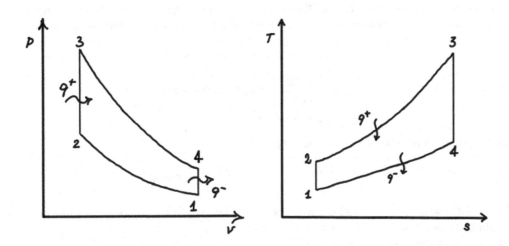

Il ciclo Otto è costituito da una serie di quattro trasformazioni, a due a due uguali tra loro, ovvero due adiabatiche e due isocore. Le trasformazioni possono essere riassunte come segue:

	Trasformazioni			
	1-2	2-3	3-4	4-1
Tipo	Compressione adiabatica	Riscaldamento isocoro	Espansione adiabatica	Raffreddamento isocoro
	$pV^\gamma = cost$	$Q^+ = C_v \cdot (T_3 - T_2)$	$pV^\gamma = cost$	$Q^- = C_v \cdot (T_1 - T_4)$
Energia termica [J]	$Q_{12} = 0$	$Q_{23} > 0$	$Q_{34} = 0$	$Q_{41} < 0$
Lavoro interno [J]	$L_{i,12} < 0$	$L_{i,23} = 0$	$L_{i,34} > 0$	$L_{i,41} = 0$
Temperatura [K]	$T_1 \mapsto T_2$	$T_2 \mapsto T_3$	$T_3 \mapsto T_4$	$T_4 \mapsto T_1$
Volume [m^3]	$V_1 \mapsto V_2$	$V_2 = V_3$	$V_3 \mapsto V_4$	$V_4 = V_1$

E' completamente definito lo stato termodinamico nel caposaldo iniziale e, dal rapporto volumetrico di compressione, è noto anche il volume specifico in 2, poiché:

$$\rho = \frac{v_1}{v_2} \Rightarrow v_2 = \frac{v_1}{\rho} \tag{4.16}$$

Dall'equazione di stato dei gas ideali, considerando la relazione di Mayer $R^* = c_p - c_v$ e quella dell'esponente dell'adiabatica $\gamma = c_p/c_v$ si ottiene

$$\gamma = \frac{c_p}{c_p - R^*} = 1.4$$

, e dall'equazione della compressione adiabatica:

$$v_2 = \frac{R^* T_1}{p_1 \cdot \rho} = \frac{287 \cdot 291.15}{10^5 \cdot 7.8} = 0.107 \, \text{m}^3 \, \text{kg}^{-1}$$

$$pv^\gamma = cost \Rightarrow T_1 v_1^{\gamma-1} = T_2 v_2^{\gamma-1}$$

$$T_2 = T_1 \left(\frac{v_1}{v_2}\right)^{\gamma-1} = T_1 \cdot \rho^{\gamma-1} = 291.15 \cdot 7.8^{0.4}$$

$$= 661.77 \, \text{K}$$

Applicando l'equazione costitutiva del calore alla trasformazione 2-3, Equazione (1.22), nell'ipotesi di gas ideale, considerando il riscaldamento isocoro ($dv = 0 \, \text{m}^3 \, \text{kg}^{-1}$) dell'aria, si calcola il calore fornito per unità di massa:

$$q_{23} = c_v(T_3 - T_2) \Rightarrow T_3 = \frac{q_{23}}{c_v} + T_2$$

$$T_3 = \frac{961 \cdot 10^3}{718} + 661.77 = 2000.21 \, \text{K}$$

$$v_3 = v_2 = 0.107 \, \text{m}^3 \, \text{kg}^{-1}$$

e, attraverso l'equazione di stato dei gas ideali, è possibile calcolare la p_3:

$$p_3 = \frac{R^* T_3}{v_3} = \frac{287 \cdot 2000.21}{0.107} = 53.59 \, \text{bar}$$

Il calore per unità di massa scambiato poteva anche essere calcolato applicando il primo principio in forma specifica all'aria che subisce la trasformazione 2-3: $q_{23} = c_v(T_3 - T_2)$

Sapendo che la trasformazione 4-1 è isocora, si ha:

$$v_4 = \frac{R^* T_4}{p_4} = v_1 = \frac{R^* T_1}{p_1} = 0.836 \, \text{m}^3 \, \text{kg}^{-1}$$

Sfruttando la definizione di rapporto volumetrico di compressione, la trasformazione isocora 4-1, e l'adiabatica reversibile 1-2, per il calcolo del rendimento, si può procedere come segue:

$$\rho = \frac{v_1}{v_2} = \frac{v_4}{v_3}$$

$$\left(\frac{T_1}{T_2}\right) = \left(\frac{v_2}{v_1}\right)^{\gamma-1} = \rho^{1-\gamma}$$

$$\left(\frac{T_4}{T_3}\right) = \left(\frac{v_3}{v_4}\right)^{\gamma-1} = \rho^{1-\gamma}$$

$$\eta = \frac{l_n}{q^+} = \frac{q^+ - |q^-|}{q^+} = 1 - \frac{c_v(T_4 - T_1)}{c_v(T_3 - T_2)} = 1 - \frac{(T_4 - T_1)}{(T_3 - T_2)} =$$

$$= 1 - \frac{T_1\left(\dfrac{T_4}{T_1} - 1\right)}{T_2\left(\dfrac{T_3}{T_2} - 1\right)} = 1 - \frac{1}{\rho^{\gamma-1}} \tag{4.17}$$

$$\boxed{\eta = 1 - \frac{T_1\left(\dfrac{T_4}{T_1} - 1\right)}{T_2\left(\dfrac{T_3}{T_2} - 1\right)} = 1 - \frac{1}{\rho^{\gamma-1}} = 1 - \frac{1}{7.8^{1.4-1}} = 0.560 = 56.0\%}$$

4.6 Ciclo Diesel

> Per la risoluzione dell'esercizio è necessario conoscere: le trasformazioni del ciclo Diesel, il primo ed il secondo principio della termodinamica.

In un ciclo Diesel, le condizioni iniziali di temperatura e pressione sono rispettivamente di: $t_1 = 25°C$ e $p_1 = 1$ bar, mentre, nella fase finale di compressione, la temperatura è di $t_2 = 390°C$ e, a fine combustione passa a $t_3 = 1730°C$. Determinare il rendimento termodinamico del ciclo, ipotizzando che il fluido operante sia aria standard.

************************************* *Soluzione* *************************************

Dati

	Grandezza	Simbolo	Valore	Unità di misura
Aria standard	costante elastica	R^*	287	$J\,kg^{-1}\,K^{-1}$
	calore specifico a pressione costante	c_p	1005	$J\,kg^{-1}\,K^{-1}$
1	pressione	p_1	10^5	Pa
	temperatura	T_1	298.15	K
2	temperatura	T_2	663.15	K
3	temperatura	T_3	2003.15	K

Il motore è anche in questo caso una macchina volumetrica, ed il ciclo ideale corrispondente (derivante dalla diversa natura chimica del combustibile utilizzato) è costituito, non più da quattro trasformazioni a due a due uguali, bensì dalle seguenti quattro trasformazioni:

- 1 − 2 Compressione adiabatica;
- 2 − 3 Riscaldamento isobaro;
- 3 − 4 Espansione adiabatica;
- 4 − 1 Raffreddamento isocoro.

Quindi, le trasformazioni del ciclo possono essere riassunte come mostrato nella seguente Tabella:

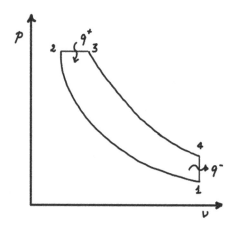
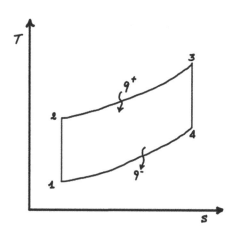

	Trasformazioni			
	1-2	2-3	3-4	4-1
	Compressione	Riscaldamento	Espansione	Raffreddamento
Tipo	adiabatica	isobaro	adiabatica	isocoro
	$pV^\gamma = cost$	$Q^+ = C_p \cdot (T_3 - T_2)$	$pV^\gamma = cost$	$Q^- = C_v \cdot (T_1 - T_4)$
Energia termica [J]	$Q_{12} = 0$	$Q_{23} > 0$	$Q_{34} = 0$	$Q_{41} < 0$
Lavoro interno [J]	$L_{i,12} < 0$	$L_{i,23} > 0$	$L_{i,34} > 0$	$L_{i,41} = 0$
Temperatura [K]	$T_1 \mapsto T_2$	$T_2 \mapsto T_3$	$T_3 \mapsto T_4$	$T_4 \mapsto T_1$
Volume & Pressione	$V_1 \mapsto V_2$	$p_2 = p_3$	$V_3 \mapsto V_4$	$V_4 = V_1$

Come per il ciclo Otto, esistono delle grandezze caratteristiche: il rapporto volumetrico di compressione ρ, ed il rapporto di introduzione δ:

$$\rho = \frac{v_1}{v_2}$$
$$\delta = \frac{v_3}{v_2}$$

(4.18)

Il rapporto delle temperature nella adiabatica di compressione:

$$\frac{T_1}{T_2} = \left(\frac{v_2}{v_1}\right)^{\gamma-1} = \frac{1}{\rho^{\gamma-1}}$$

Ed il rapporto tra la temperatura finale e quella iniziale, dopo alcuni passaggi algebrici, ricordando che $v_4 = v_1$, è:

$$\frac{T_4}{T_1} = \frac{T_4}{T_3} \cdot \frac{T_3}{T_2} \cdot \frac{T_2}{T_1} = \left(\frac{v_3}{v_4}\right)^{\gamma-1} \left(\frac{v_3}{v_2}\right) \left(\frac{v_1}{v_2}\right)^{\gamma-1} =$$
$$= \left(\frac{v_3}{v_2}\right)^{\gamma} = \delta^{\gamma}$$

Il rendimento del ciclo Diesel si può, quindi scrivere come:

$$\eta = \frac{l_n}{q^+} = \frac{q^+ - |q^-|}{q^+} = 1 - \frac{|q^-|}{q^+} =$$

$$= 1 - \frac{c_v \cdot (T_4 - T_1)}{c_p \cdot (T_3 - T_2)} = 1 - \frac{1}{\gamma} \cdot \frac{T_1}{T_2} \cdot \frac{\left(\dfrac{T_4}{T_1} - 1\right)}{\left(\dfrac{T_3}{T_2} - 1\right)} = \tag{4.19}$$

$$= 1 - \frac{1}{\gamma} \cdot \frac{1}{\rho^{\gamma-1}} \cdot \frac{\delta^\gamma - 1}{\delta - 1}$$

Osservazione: Confrontando le formule dei rendimenti dei due cicli, a parità di fluido operativo ed a parità di rapporto di compressione, il rendimento del ciclo Diesel risulta minore rispetto a quello del ciclo Otto. Il rendimento del ciclo Diesel, inoltre, aumenta all'aumentare del rapporto di compressione (come accade per il ciclo Otto) e, al diminuire del rapporto di introduzione δ.

Si può calcolare il calore per unità di massa ricevuto dal gas ideale tra 2-3 attraverso l'equazione costitutiva del calore, Equazione (1.27), $dp = 0$ Pa:

$$q^+ = q_{23} = c_p(T_3 - T_2) = 1005 \cdot (2003.15 - 663.15) = 1346.70 \ \text{kJ} \, \text{kg}^{-1}$$

Dall'equazione di stato dei gas ideali, considerando la relazione di Mayer $R^* = c_p - c_v$ e quella dell'esponente dell'adiabatica $\gamma = c_p/c_v$ si ottiene:

$$\gamma = \frac{c_p}{c_p - R^*} = 1.4$$

La trasformazione 2-3 è isobara, quindi, $p_3 = p_2$. La trasformazione 1-2 è adiabatica reversibile, per cui:

$$p_3 = p_2 = p_1 \left(\frac{T_1}{T_2}\right)^{\frac{\gamma}{1-\gamma}} = 1 \cdot \left(\frac{298.15}{663.15}\right)^{\frac{1.4}{1-1.4}} = 16.43 \ \text{bar}$$

$$v_3 = \frac{R^* T_3}{p_3} = \frac{287 \cdot 2003.15}{16.43 \cdot 10^5} = 0.350 \ \text{m}^3 \, \text{kg}^{-1}$$

$$v_2 = \frac{R^* T_2}{p_3} = \frac{287 \cdot 663.15}{16.43 \cdot 10^5} = 0.116 \ \text{m}^3 \, \text{kg}^{-1}$$

$$v_1 = v_4 = \frac{R^* T_1}{p_1} = \frac{287 \cdot 298.15}{1 \cdot 10^5} = 0.856 \ \text{m}^3 \, \text{kg}^{-1}$$

$$\rho = \frac{v_1}{v_2} = \frac{0.856}{0.116} = 7.388$$

$$\delta = \frac{v_3}{v_2} = \frac{0.350}{0.116} = 3.021$$

$$\boxed{\begin{aligned} \eta &= 1 - \frac{1}{\gamma} \cdot \frac{1}{\rho^{\gamma-1}} \cdot \frac{\delta^\gamma - 1}{\delta - 1} = \\ &= 1 - \frac{1}{1.4} \cdot \frac{1}{7.388^{1.4-1}} \cdot \frac{3.021^{1.4} - 1}{3.021 - 1} = \\ &= 0.412 = 41.2\% \end{aligned}}$$

4.7 Ciclo Joule propulsione a getto

Per la risoluzione dell'esercizio è necessario conoscere: le trasformazioni del ciclo Joule, il primo principio della termodinamica.

Per ottenere l'azione di spinta in un velivolo attraverso la propulsione a getto, sfruttando la variazione di quantità di moto del fluido, viene utilizzato l'impianto a ciclo Joule, in condizioni stazionarie, ipotizzato ad aria standard con trasformazioni adiabatiche reversibili e variazioni di energia cinetica e potenziali tra ingresso ed uscita nulle, schematizzato in figura. L'aria viene aspirata dall'esterno alle condizioni $p_1 = 1$ bar e $t_1 = 15°C$ e compressa fino a $p_2 = 4.8$ bar. All'uscita dal combustore, raggiunge la temperatura massima $t_3 = 895°C$ ed espande in turbina, producendo il lavoro all'albero necessario per muovere il compressore ed, infine, attraversa un ugello. All'uscita dell'ugello si ha la pressione iniziale. Determinare la velocità di uscita dell'aria dall'ugello. Si considerino la velocità in ingresso del fluido nell'ugello trascurabile rispetto a quella in uscita, e la variazione di pressione tra ingresso ed uscita al combustore nulla.

Nello schema di impianto, per completezza, è presente anche un alternatore che negli aeromobili alimenta gli impianti di bordo. Il lavoro tecnico destinato all'alternatore presenta un valore assoluto piccolo rispetto a quello destinato al compressore, quindi, in questo esercizio, per semplicità, lo si considera trascurabile.

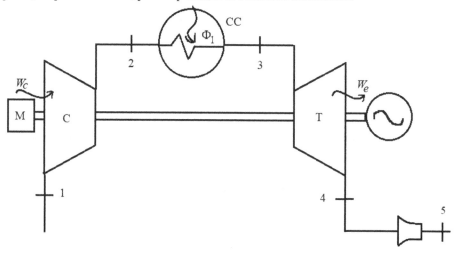

*********************************** **Soluzione** ***********************************

Dati

		Grandezza	Simbolo	Valore	Unità di misura
Aria standard		costante elastica	R^*	287	$J\,kg^{-1}\,K^{-1}$
		calore specifico a pressione costante	c_p	1005	$J\,kg^{-1}\,K^{-1}$
	1	pressione	p_1	10^5	Pa
		temperatura	T_1	288.15	K
	2	pressione	p_2	$4.8 \cdot 10^5$	Pa
	3	pressione	$p_3 = p_2$	$4.8 \cdot 10^5$	Pa
		temperatura	T_3	1168.15	K
	4	velocità	w_4	≈ 0	$m\,s^{-1}$
	5	pressione	$p_5 = p_1$	10^5	Pa

Compressore e turbina

Le trasformazioni di compressione ed espansione sono adiabatiche reversibili da testo, per cui $p^{1-\gamma} \cdot T^{\gamma} = cost$, ricordando che il rapporto di compressione $\beta_{12} = \dfrac{p_2}{p_1}$, e che dalla relazione di Mayer è possibile calcolare l'esponente dell'adiabatica reversibile $\gamma = \dfrac{c_p}{c_v} = \dfrac{c_p}{c_p - R^*} = 1.4$:

$$T_2 = T_1 \cdot \beta_{12}^{\frac{\gamma-1}{\gamma}} = 288.15 \cdot 4.8^{\frac{1.4-1}{1.4}} = 451.09 \text{ K}$$

Si può calcolare il lavoro all'albero richiesto dal compressore applicando il primo principio della termodinamica in forma specifica tra ingresso ed uscita del compressore, considerando il sistema adiabatico, il processo stazionario, le variazioni di energia cinetica e potenziali tra ingresso ed uscita macchina trascurabili (indicazioni fornite da testo):

$$l_{t,c} = -c_p \, \Delta h = c_p \big(T_1 - T_2\big) = 1.005\big(288.15 - 451.09\big) = -163.75 \text{ kJ kg}^{-1}$$

Il lavoro all'albero ricevuto dal compressore è quello direttamente prodotto dalla turbina (lavoro netto nullo $l_n = 0 \text{ J kg}^{-1}$), per cui:

$$l_{t,e} = -l_{t,c} = c_p\big(h_3 - h_4\big) = c_p\big(T_3 - T_4\big)$$

$$\Rightarrow T_4 = T_3 - \frac{l_{t,e}}{c_p} = 1005.21 \text{ K}$$

Attraverso le considerazioni precedenti:

$$p_4 = p_3 \left(\frac{T_3}{T_4}\right)^{\frac{\gamma}{1-\gamma}} = 4.8 \cdot \left(\frac{1168.15}{1005.21}\right)^{\frac{1.4}{1-1.4}} = 2.8 \text{ bar}$$

Ugello

Considerando l'ugello come un elemento ideale, si ipotizza che la trasformazione che avviene nell'ugello possa ritenersi una adiabatica e reversibile (isoentropica), per cui:

$$T_5 = T_4 \cdot \left(\frac{p_5}{p_4}\right)^{\frac{\gamma-1}{\gamma}} = 1005.21 \cdot \left(\frac{1}{2.8}\right)^{\frac{1.4-1}{1.4}} = 746.21 \text{ K}$$

Applicando il primo principio all'ugello, considerando l'elemento come adiabatico, trascurando la variazione di quota tra ingresso ed uscita e considerando il processo stazionario:

$$0 = G\big(\Delta h + \Delta e_c\big)$$

Per cui:

$$c_p \cdot \big(T_4 - T_5\big) = \frac{w_5^2 - w_4^2}{2}$$

$$\boxed{w_5 = \sqrt{2 \cdot c_p \cdot \big(T_4 - T_5\big)} = 721.5 \text{ m s}^{-1}}$$

Si ricorda che, se si conoscesse la geometria (sezione di uscita A) dell'ugello, si potrebbe determinare la portata $G = \dfrac{1}{v_5} \cdot A \cdot w_5$ e, da questa le potenze moltiplicando la portata per le grandezze specifiche precedentemente calcolate.

Osservazione: la velocità ottenuta in uscita dall'ugello supera il valore locale della velocità del suono. In queste condizioni, occorre effettuare delle considerazioni di gasdinamica sull'ugello stesso.
Gli ugelli ed i diffusori sono elementi fortemente dissipativi, per cui una loro trattazione come elementi ideali risulta non esaustiva. Questi sono dispositivi che al loro interno non hanno organi meccanici palettati in movimento, ma presentano

unicamente una variazione della loro sezione [9–11].

Per la conservazione della massa si avrà $G_{in} = G_{out} = G = \rho\,A\,w \Rightarrow G = $ cost, che scritta in forma differenziale risulta: $d(\rho\,A\,w) = 0 \Rightarrow A\,w\,d\rho + \rho\,w dA + \rho\,A\,dw = 0$, da cui:

$$\frac{d\rho}{\rho} + \frac{dA}{A} + \frac{dw}{w} = 0 \tag{4.20}$$

Introducendo le ipotesi di stazionarietà, di adiabaticità, e di variazione di quota tra ingresso ed uscita trascurabili, è possibile applicare il primo principio della termodinamica, ottenendo:

$$0 = G\left(h_{out} - h_{in}\right) + G\left(\frac{w_{out}^2 - w_{in}^2}{2}\right) \tag{4.21}$$

Si noti che la scrittura precedente è valida per ogni fluido e per ogni tipo di trasformazione che avvenga in condizioni di moto stazionario all'interno dell'ugello ed implica $h + w^2/2 = $ cost che, quindi, in forma differenziale diventa:

$$dh = -w\,dw \tag{4.22}$$

Il risultato della trasformazione che avviene all'interno di questi dispositivi, quindi, può portare a:

- Una accelerazione del fluido con conseguente diminuzione di entalpia (**ugello**);
- Una decelerazione del fluido con aumento di entalpia (**diffusore**).

Inoltre, il secondo principio in forma differenziale può essere scritto attraverso la relazione di Gibbs, Equazione (2.26):
$T\,ds = dh - \frac{dp}{\rho}$ che, se si considera una trasformazione reversibile fornisce:

$$dh = \frac{dp}{\rho} \tag{4.23}$$

Da quest'ultima relazione si può evincere come nel verso del moto la variazione di pressione sia direttamente correlata alla variazione di entalpia. Inoltre, la pressione può essere scritta in funzione di due coordinate termodinamiche, quindi, scrivendola in funzione di densità ed entropia specifica $p(\rho, s)$:

$$dp = \left(\frac{\partial p}{\partial \rho}\right)_s d\rho + \left(\frac{\partial p}{\partial s}\right)_\rho ds \tag{4.24}$$

Per considerazioni relative alla gasdinamica ed alla propagazione delle piccole perturbazioni, la velocità locale del suono, c, è definita come:

$$c = \sqrt{\left(\frac{\partial p}{\partial \rho}\right)_s} = \sqrt{\gamma\,\frac{p}{\rho}} \tag{4.25}$$

che, per un gas ideale fornisce: $c = \sqrt{\gamma\,R^*\,T}$.

Considerando una trasformazione isoentropica, mettendo a sistema l'Equazione (4.25) e l'Equazione (4.24), si ha:

$$dp = c^2\,d\rho \tag{4.26}$$

che evidenzia come ad un aumento (diminuzione) di pressione nella direzione del moto corrisponda un relativo aumento (diminuzione) di pressione. Inoltre, mettendo a sistema l'Equazione (4.22) e l'Equazione (4.23) si ha:

$$\frac{dp}{\rho} = -w\,dw \tag{4.27}$$

che evidenzia come ad un aumento (diminuzione) di velocità nella direzione del moto, corrisponda una diminuzione (aumento) di pressione lungo la stessa direzione.

Infine, mettendo a sistema l'Equazione (4.27) e l'Equazione (4.26), sostituendo all'interno dell'Equazione (4.20), si ottiene l'Equazione di Hugoniot:

$$-\frac{w}{c^2}\,dw + \frac{dA}{A} + \frac{dw}{w} = 0$$

$$\frac{dA}{A} + \frac{dw}{w}\left(1 - \frac{w^2}{c^2}\right) = 0 \qquad (4.28)$$

$$\frac{dA}{A} = -\frac{dw}{w}\left(1 - \frac{w^2}{c^2}\right)$$

da cui si evince come la velocità vari in funzione della geometria della sezione. Introducendo il numero adimensionale di Mach, definito come rapporto tra la velocità e la velocità locale del suono, $M = w/c$, l'ultima relazione può essere riscritta come:

$$\frac{dA}{A} = -\frac{dw}{w}\left(1 - M^2\right) \qquad (4.29)$$

A seconda della velocità del fluido e della geometria si tratta di:

- ugello subsonico se: $dw > 0$, $M < 1 \Rightarrow dA < 0$, il condotto ha una sezione decrescente nella direzione del moto;
- ugello supersonico se: $dw > 0$, $M > 1 \Rightarrow dA > 0$, il condotto ha una sezione crescente nella direzione del moto;
- diffusore supersonico se: $dw < 0$, $M > 1 \Rightarrow dA < 0$, il condotto ha una sezione decrescente nella direzione del moto;
- diffusore subsonico se: $dw < 0$, $M < 1 \Rightarrow dA > 0$, il condotto ha una sezione crescente nella direzione del moto.

Quindi, per accelerare un fluido con un flusso subsonico è necessario un ugello convergente ma, una volta raggiunto $M = 1$, per ottenere un'ulteriore accelerazione l'unico modo è avere un successivo tratto divergente (ugello di de Laval). Analogamente vale l'opposto per decelerare un fluido.

Per gli approfondimenti della trattazione in caso di dissipazioni, si consiglia la consultazione di alcuni testi in cui viene affrontato esaustivamente l'argomento come ad esempio: [4, 11].

4.8 Ciclo Joule-Brayton semplice, lavoro minimo

Per la risoluzione dell'esercizio è necessario conoscere: le trasformazioni del ciclo Joule, il primo principio della termodinamica.

Da un ciclo ad aria standard ideale Joule-Brayton semplice, operante tra la temperatura minima $t_1 = 18°C$ e quella massima $t_3 = 1100°C$, in condizioni stazionarie, si vuole ottenere una potenza netta $W_n = 2100$ kW, con la minima portata di aria standard nell'impianto. Valutare in queste condizioni:

- La temperatura alla mandata del compressore;
- La portata necessaria;
- Il rapporto manometrico delle pressioni β.

Ipotizzare che l'elemento di scambio termico sia isobaro ed adiabatico verso l'esterno, e che le variazioni di energia cinetica e potenziale tra ingresso ed uscita nei singoli componenti siano trascurabili.

** *Soluzione* **

Dati

	Grandezza	Simbolo	Valore Unità di misura
	costante elastica	R^*	287 J kg^{-1} K^{-1}
Aria standard	calore specifico a pressione costante	c_p	1005 J kg^{-1} K^{-1}
1	temperatura	T_1	298.15 K
3	temperatura	T_3	1373.15 K
	Potenza netta ciclo	W_n	2100 kW

Schema del sistema

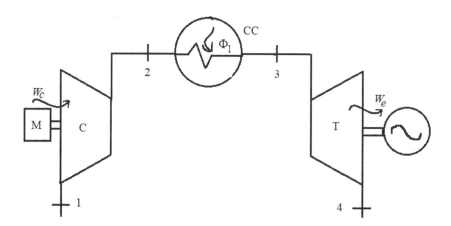

Calcolo della T_2 con la minima portata

La potenza netta del ciclo può essere espressa come prodotto tra portata e lavoro specifico netto $W_n = G\, l_n$, per cui, la richiesta del calcolo della portata minima, a parità di potenza netta del ciclo, equivale alla richiesta di massimizzare il lavoro specifico netto $W_n = G_{min}\, l_{n,max}$.

Il ciclo Joule-Brayton presenta quattro trasformazioni, a due a due uguali tra di loro, per cui vale la relazione: $T_1 T_3 = T_2 T_4$.

Il lavoro netto per unità di massa è dato dalla somma algebrica del lavoro massico in turbina e di quello nel compressore:

$$l_n = l_e + l_c = c_p \cdot (T_3 - T_4) - c_p \cdot (T_2 - T_1) = c_p \cdot \left(T_3 - \frac{T_3 T_1}{T_2} - T_2 + T_1\right)$$

Il lavoro netto così scritto risulta $l_n = l_n(T_1, T_2, T_3)$, ma T_1 e T_3 sono condizioni fissate, per cui gli estremi della funzione si ottengono ponendo $\dfrac{\mathrm{d}l_n}{\mathrm{d}T_2} = 0$:

$$\frac{\mathrm{d}l_n}{\mathrm{d}T_2} = 0 = c_p \cdot \left(\frac{T_3 T_1}{T_2^2} - 1\right) \Rightarrow T_2 = \pm\sqrt{T_1 T_3}$$

La soluzione negativa non ha significato fisico ed il massimo si ha per:

$$\boxed{T_2 = \sqrt{T_1 T_3} = T_4 = \sqrt{298.15 \cdot 1373.13} = 632.29 \text{ K}}$$

A questo punto è possibile calcolare il lavoro specifico netto massimo, di conseguenza anche la portata minima:

$$G_{min} = \frac{W_n}{l_{max}} \tag{4.30}$$

$$\boxed{\begin{aligned} G_{min} &= \frac{W_n}{c_p \cdot \left(T_3 - \dfrac{T_3 T_1}{T_2} - T_2 + T_1 \right)} = \\ &= \frac{2100}{1.005 \cdot \left(1373.15 - \dfrac{1373.15 \cdot 298.15}{632.29} - 632.29 + 298.15 \right)} = \\ &= 5.23 \text{ kg s}^{-1} \end{aligned}}$$

Il rapporto manometrico di compressione può essere calcolato sfruttando l'equazione della adiabatica, utilizzando la relazione di Mayer per calcolare l'esponente dell'adiabatica reversibile $\gamma = \frac{c_p}{c_v} = \frac{c_p}{c_p - R^*} = 1.4$:

$$\boxed{\begin{aligned} \beta &= \left(\frac{p_2}{p_1} \right) = \left(\frac{T_1}{T_2} \right)^{\gamma/(1-\gamma)} = \\ &= \left(\frac{298.15}{632.29} \right)^{1.4/-0.4} = \\ &= 15 \end{aligned}}$$

4.9 Ciclo Joule-Brayton rigenerativo

> Per la risoluzione dell'esercizio è necessario conoscere: le trasformazioni del ciclo Joule, il primo principio della termodinamica, la rigenerazione nel ciclo Joule-Brayton e l'efficienza di rigenerazione (efficienza di uno scambiatore).

Di un impianto a ciclo Joule-Brayton, operante in condizioni stazionarie, con temperatura minima $t_1 = 17°C$ e massima $t_3 = 740°C$ - ipotizzando la compressione e l'espansione come trasformazioni adiabatiche - si conoscono il rapporto manometrico di compressione, pari a quello di espansione ($\beta_{12} = \beta_{43} = 5.1$), e l'aumento di entropia specifica dell'aria $\Delta s_c = \Delta s_e = 0.089 \text{ kJ kg}^{-1} \text{ K}^{-1}$. Nell'ipotesi che:

- L'impianto funzioni ad aria standard (trattare con modello gas ideale);
- La potenza netta dell'impianto è 12 MW;
- Gli elementi di scambio termico siano isobari ed adiabatici verso l'esterno;
- Le variazioni di energia cinetica e potenziale tra ingresso ed uscita nei singoli componenti siano trascurabili.

Valutare:

- La portata di aria comburente;
- Il rendimento termodinamico del ciclo;
- Il rendimento termodinamico dello stesso ciclo nel caso in cui venisse effettuata una rigenerazione, attraverso l'inserimento di uno scambiatore rigenerativo, con efficienza pari a 75%, tra i fumi all'uscita della turbina e l'aria in uscita dal compressore (preriscaldando così l'aria che entra in camera di combustione).

Osservazione: Si ricordi che l'efficenza di uno scambiatore può essere espressa come $\varepsilon = \dfrac{\text{flusso termico reale}}{\text{flusso termico massimo}}$.

************************************** *Soluzione* **************************************

Dati

	Grandezza	Simbolo	Valore	Unità di misura
Aria standard	costante elastica	R^*	287	$\text{J kg}^{-1}\,\text{K}^{-1}$
	calore specifico a pressione costante	c_p	1005	$\text{J kg}^{-1}\,\text{K}^{-1}$
1	temperatura	T_1	290.15	K
2	rapporto di compressione	$\beta_{12} = p_2/p_1$	5.1	–
	variazione entropia	$\Delta s_c = s_2 - s_1$	0.089	$\text{kJ kg}^{-1}\,\text{K}^{-1}$
3	temperatura	T_3	1013.15	K
4	rapporto di espansione	$\beta_{43} = p_3/p_4$	5.1	–
	variazione entropia	$\Delta s_e = s_4 - s_3$	0.089	$\text{kJ kg}^{-1}\,\text{K}^{-1}$
	Potenza netta ciclo	W_n	12000	kW
Rigenerazione	Efficienza rigeneratore	η_{rig}	0.75	–

Schema senza rigenerazione. Sono evidenziati i diversi volumi di controllo, utili per la risoluzione dell'esercizio.

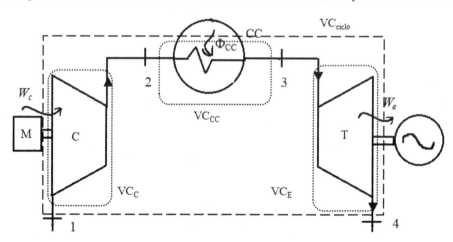

La variazione di entropia per il compressore, può essere scritta come:

$$\Delta s_c = s_2 - s_1 = c_p \ln\left(\frac{T_2}{T_1}\right) - R^* \ln\left(\frac{p_2}{p_1}\right) = c_p \ln\left(\frac{T_2}{T_1}\right) - R^* \ln \beta$$

$$T_2 = T_1\left[\exp\left(1 + \ln\left(\beta^{R^*/c_p}\right)\right)\right]$$

$$\Rightarrow T_2 = 504.83 \text{ K}$$

Analogamente la variazione di entropia per la turbina, può essere scritta come:

$$\Delta s_e = s_4 - s_3 = c_p \ln\left(\frac{T_4}{T_3}\right) - R^* \ln\left(\frac{p_4}{p_3}\right) = c_p \ln\left(\frac{T_4}{T_3}\right) - R^* \ln\left(\frac{1}{\beta}\right)$$

$$\Rightarrow T_4 = 695.14 \text{ K}$$

Applicando il primo principio all'intero ciclo (VC_{ciclo}):

$$\Phi_n - W_n = G\, c_p\big(T_4 - T_1\big)$$
$$G\, q_{CC} - W_n = G\, c_p\big(T_4 - T_1\big) \tag{4.31}$$
$$G\left[q_{CC} - c_p\left(T_4 - T_1\right)\right] = W_n$$

Il calore per unità di massa fornito al fluido q_{CC} può essere valutato sia attraverso il primo principio applicato al combustore VC_{CC} (lato aria, tra l'ingresso 2 e l'uscita 3), oppure attraverso l'equazione costitutiva del calore, Equazione (1.27), considerando la trasformazione nello scambiatore isobara $dp = 0$ Pa (ipotesi fornita da testo):

$$q_{CC} = q_{23} = c_p \cdot (T_3 - T_2) = 1.005 \cdot (1013.15 - 504.83) = 510.86 \text{ kJ kg}^{-1}$$

$$q_{CC} = q_{23} = \int_2^3 c_p\, dT + \int_2^3 \lambda_p\, dp = c_p \cdot (T_3 - T_2)$$

per cui, l'Equazione (4.31) può essere riscritta come segue:

$$G\left[c_p \cdot \big(T_3 - T_2\big) - c_p\left(T_4 - T_1\right)\right] = W_n$$

$$G = \frac{W_n}{c_p \cdot \left(T_3 - T_2 + T_1 - T_4\right)}$$

Da cui:

$$\boxed{\begin{aligned} G &= \frac{W_n}{c_p \cdot \left(T_3 - T_2 + T_1 - T_4\right)} = \\ &= \frac{12 \cdot 10^3}{1.005 \cdot \left(1013.15 - 504.83 + 290.15 - 695.14\right)} = \\ &= 115.55 \text{ kg s}^{-1} \end{aligned}}$$

Il rendimento del ciclo, senza rigenerazione è:

$$\boxed{\eta = \frac{l_n}{q_{CC}} = \frac{l_e - |l_c|}{q_{CC}} = \frac{c_p \cdot \big(T_3 - T_4 + T_1 - T_2\big)}{c_p \cdot \big(T_3 - T_2\big)} = 0.203 = 20.3\%}$$

Con rigenerazione

Un ciclo rigenerativo è costituito da trasformazioni, lungo alcune delle quali si scambia calore con l'esterno, lungo altre internamente al sistema. Queste ultime trasformazioni non contribuiscono nel computo del calore speso, denominatore del rendimento, per cui si avrà $q_{CC,rig} < q_{CC,non-rig}$.

Il principio della rigenerazione consiste nel dotare l'impianto di un opportuno scambiatore rigenerativo (SR), che consenta di diminuire la quantità di calore fornita dall'esterno (al combustore). In questo modo, una parte del calore q^+

Schema con rigenerazione

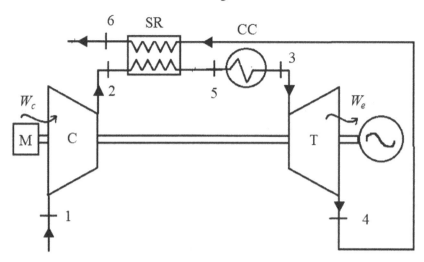

che si deve fornire al fluido, per essere convertito in lavoro, è in parte ottenuta dall'esterno ed in parte sfruttando i fumi caldi in uscita dalla turbina, che a loro volta vengono raffreddati.

Quindi, la quota parte di calore per unità di massa, tra i capisaldi $2 - 5$, è garantita dallo scambio termico con gli esausti uscenti dalla turbina (che da 4 vengono raffreddati fino a 6). In questo modo il calore da fornire al combustore è dato dal salto entalpico tra $5 - 3$.

L'efficienza di rigenerazione è data dal rapporto tra il flusso termico effettivo e quello massimo ottenibile, quindi tra l'aumento effettivo di temperatura del fluido ed il massimo aumento di temperatura possibile, compatibile con la temperatura in ingresso del fluido riscaldante $\varepsilon_{rig} = \dfrac{T_5 - T_2}{T_4 - T_2}$.

Nota l'efficienza di rigenerazione, è possibile calcolare la temperatura T_5:

$$\eta_{rig} = \frac{T_5 - T_2}{T_4 - T_2} \Rightarrow T_5 = T_2 + \eta_{rig} \cdot (T_4 - T_2) = 647.56 \text{ K}$$

Nota la temperatura in 5, è possibile calcolare il calore fornito dall'esterno, per cui:

$$\boxed{\eta_{rig} = \frac{l_n}{q'_{CC}} = \frac{c_p \cdot (T_1 - T_2 + T_3 - T_4)}{c_p \cdot (T_3 - T_5)} = 0.283 = 28.3\%}$$

4.10 Ciclo a vapore: ciclo Rankine senza surriscaldamento

Per la risoluzione dell'esercizio è necessario conoscere: le miscele liquido-vapore, il ciclo Rankine, il primo principio della termodinamica.

Un ciclo a vapore saturo secco (privo di surriscaldamento), viene messo in esercizio, in condizioni stazionarie, tra le pressioni al generatore di vapore e al condensatore, rispettivamente a 50 bar e a 4 kPa. Ipotizzando (i) che la trasformazione in turbina sia adiabatica, con rendimento isoentropico di espansione $\eta_{is,e} = 78\%$, (ii) che gli elementi di scambio termico siano isobari ed adiabatici verso l'esterno, e (iii) che le variazioni di energia cinetica e potenziale tra ingresso ed uscita nei singoli componenti siano trascurabili, valutare il rendimento termodinamico del ciclo.

Verificare, inoltre, come il lavoro specifico della pompa sia trascurabile rispetto al salto entalpico nel complesso pompa-caldaia $(1 - 3)$.

************************************** *Soluzione* **************************************

Dati

Elemento	Grandezza	Simbolo	Valore	Unità di misura
Generatore	pressione	$p_2 = p_3$	$50 \cdot 10^5$	Pa
Condensatore	pressione	$p_4 = p_1$	$4 \cdot 10^3$	Pa
Turbina	Rendimento isoentropico	$\eta_{is,e}$	0.78	[-]

Schema

Osservazione: si riporta l'andamento qualitativo sul grafico $T - s$ per il caso in esame, tratto da [8] e completamente ridisegnato dagli autori. Ciò che non può essere determinato a priori è la posizione del caposaldo 4.

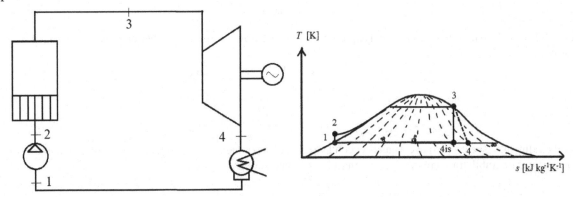

Determinazione delle grandezze termodinamiche nei diversi capisaldi

Per un ciclo Rankine, all'uscita del condensatore, corrispondente anche all'ingresso della pompa (caposaldo 1), si ha il fluido in condizioni di saturazione (liquido saturo), per cui, i valori delle relative grandezze si troveranno sulla curva limite inferiore (i cui valori numerici si ottengono dalla lettura sul Diagramma di Mollier, oppure dalla consultazione dalle tabelle di saturazione del vapore d'acqua alla pressione del condensatore). Essendo un ciclo Rankine semplice, si ha che all'uscita del generatore/ingresso della turbina (caposaldo 3), le condizioni siano anch'esse di saturazione (vapore saturo secco). Il caposaldo 3, quindi, si trova sulla curva limite superiore (i cui valori numerici sono ottenibili dalla lettura sul Diagramma di Mollier, oppure dalla consultazione delle tabelle di saturazione del vapore d'acqua alla pressione del generatore). Il caposaldo 4is si troverà alla pressione di uscita turbina/ingresso condensatore, alla stessa entropia del caposaldo 3, mentre l'uscita 4 è determinabile attraverso il rendimento isoentropico di compressione. Si riportano le grandezze che si ottengono dalla consultazione delle tabelle dell'acqua [8].

Caposaldo	Grandezza	Simbolo	Valore	Unità di misura
1	**pressione**	p_1	$4 \cdot 10^3$	Pa
	temperatura	$t_1 = t_{sat}(p_1)$	28.96	°C
	volume sp.	$v_1 = v_{ls}(p_1)$	0.001004	$\mathrm{m^3\,kg^{-1}}$
	entalpia sp.	$h_1 = h_{ls}(p_1)$	121.39	$\mathrm{kJ\,kg^{-1}}$
	entropia sp.	$s_1 = s_{ls}(p_1)$	0.4224	$\mathrm{kJ\,kg^{-1}\,K^{-1}}$
2	**pressione**	p_2	$50 \cdot 10^5$	Pa
3	**pressione**	$p_3 = p_2$	$50 \cdot 10^5$	Pa
	temperatura	$t_3 = t_{sat}(p_3)$	263.94	°C
	entalpia sp.	$h_3 = h_{vs}(p_3)$	2794.2	$\mathrm{kJ\,kg^{-1}}$
	entropia sp.	$s_3 = s_{vs}(p_3)$	5.9737	$\mathrm{kJ\,kg^{-1}\,K^{-1}}$
4	**pressione**	$p_4 = p_1$	$4 \cdot 10^3$	Pa
	temperatura	$t_4 = t_{sat}(p_1)$	28.96	°C
4is	pressione	$p_{4is} = p_1$	$4 \cdot 10^3$	Pa
	temperatura	$t_{4is} = t_{sat}(p_1)$	28.96	°C
	entalpia sp.	$s_{4is} = s_3$	5.9737	$\mathrm{kJ\,kg^{-1}\,K^{-1}}$

Turbina

E' possibile calcolare il titolo del vapore del caposaldo 4is, per ricavare successivamente l'entalpia specifica nel suddetto caposaldo:

$$s_{4is} = x_{4is}\, s_{vs,4is} + (1 - x_{4is})\, s_{ls,4is}$$

$$x_{4is} = \frac{s_{4is} - s_{ls,4is}}{s_{vs,4is} - s_{ls,4is}} = 0.690$$

$$h_{4is} = x_{4is}\, h_{vs,4is} + (1 - x_{4is})\, h_{ls,4is} = 1798.51 \ \mathrm{kJ\,kg^{-1}}$$

Noto il rendimento isoentropico di espansione, con le ipotesi di stazionarietà, adiabaticità e variazioni di energia cinetica e potenziale trascurabili tra ingresso ed uscita macchina, si può scrivere:

$$\eta_{is,e} = \frac{l_t^r}{l_t^{id}} = \frac{h_3 - h_4}{h_3 - h_{4is}}$$

$$\Rightarrow l_t^r = (h_3 - h_4) = \eta_{is,e} \cdot (h_3 - h_{4is}) = 776.64 \ \mathrm{kJ\,kg^{-1}}$$

$$h_4 = h_3 - \eta_{is,e} \cdot (h_3 - h_{4is}) = 2017.56 \ \mathrm{kJ\,kg^{-1}}$$

Per comprendere dove se l'uscita dalla turbina si trovi all'interno della zona bifase, è necessario verificare se $h_4 < h_{vs}(4\,\mathrm{kPa}) = 2553.7 \ \mathrm{kJ\,kg^{-1}}$. Effettivamente il caposaldo 4 si trova all'interno della zona bifase, quindi il titolo all'uscita della turbina sarà:

$$h_4 = x_4\, h_{vs,4} + (1 - x_4)\, h_{ls,4}$$

$$\Rightarrow x_4 = \frac{h_4 - h_{ls,4}}{h_{vs,4} - h_{ls,4}} = \frac{2037.47 - 121.39}{2553.7 - 121.39} = 0.78$$

Condensatore

Schema del volume di controllo considerato, l'ingresso *in* corrisponde al caposaldo 4, l'uscita *out* a 1

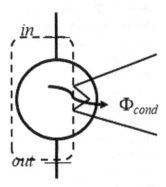

Applicando il primo principio al condensatore (sistema aperto, scambiatore senza organi meccanici in movimento), considerando il processo stazionario, trascurando le variazioni di energia cinetica e potenziale del fluido tra ingresso ed uscita, si ottiene il calore per unità di massa ceduto dal fluido:

$$q_{cond} = q_2 = h_1 - h_4 = -1896.17 \, \text{kJ} \, \text{kg}^{-1}$$

Pompa

Applicando l'equazione dell'energia cinetica alla pompa, supponendo gli attriti siano nulli, considerando che ci si trova nella zona di liquido sottoraffreddato, per cui si può ritenere $v = cost$, si ha:

$$l_p = v_1 \cdot (p_1 - p_2) = h_1 - h_2 = -5.02 \, \text{kJ} \, \text{kg}^{-1} \tag{4.32}$$

dove la seconda equazione deriva dal primo principio applicato alla pompa.

A questo punto, è possibile calcolare il lavoro netto del ciclo:

$$l_n = l_t + l_p = 771.62 \, \text{kJ} \, \text{kg}^{-1}$$

Generatore di vapore

Dal primo principio applicato al ciclo, si ha:

$$l_n = q_n \Rightarrow l_t + l_p = q_1 + q_2 \Rightarrow q_1 = l_n - q_2$$

da cui: $q_1 = 2667.79 \, \text{kJ} \, \text{kg}^{-1}$. Lo stesso risultato si ottiene applicando il primo principio al generatore di vapore:

$$q_1 = h_3 - h_2$$

ricavando l'entalpia h_2 in ingresso al generatore dall'Equazione (4.32): $h_2 = h_1 - l_p = 126.41 \, \text{kJ} \, \text{kg}^{-1}$.

Rendimento del ciclo

$$\boxed{\eta = \frac{l_n}{q_1} = 0.289}$$

Trascurando il lavoro di pompaggio si otterrebbe:

$$\eta = \frac{l_t}{q_1} = 0.291$$

Confrontando i valori $h_3 - h_1 = 2672.81 \, \text{kJ} \, \text{kg}^{-1}$ e $|l_p| = 5.02 \, \text{kJ} \, \text{kg}^{-1}$ si evince come il lavoro della pompa sia circa lo 0.2% rispetto al salto entalpico del complesso pompa-caldaia.

Osservazione: si precisa che, operativamente e tecnologicamente, non sia possibile attuare una espansione completamente compresa all'interno della curva limite, tuttavia questo esercizio ed il successivo sono proposti per introdurre il lettore a trattazioni analitiche sul vapore umido.

4.11 Ciclo Rankine rigenerativo

Per la risoluzione dell'esercizio è necessario conoscere: le miscele liquido-vapore, il ciclo Rankine con rigenerazione, il primo principio della termodinamica, il consumo specifico di vapore.

Il ciclo a vapore saturo secco rigenerativo schematizzato in figura, operante in condizioni stazionarie, presenta una pressione al generatore pari a $p_2 = 50$ bar ed al condensatore $p_4 = 4$ kPa. L'espansione in turbina si può ipotizzare adiabatica, con un rendimento isoentropico $\eta_{is,e} = 78\%$. Ipotizzare che gli elementi di scambio termico siano isobari ed adiabatici verso l'esterno, e che le variazioni di energia cinetica e potenziale tra ingresso ed uscita nei singoli componenti siano trascurabili. Calcolare:

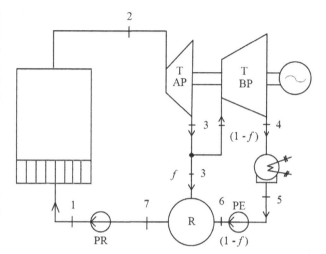

- Il rendimento termodinamico del ciclo;
- Il consumo specifico di vapore.

La frazione di portata spillata f viene convogliata nello scambiatore rigenerativo R, all'uscita del quale si ha liquido saturo alla temperatura $t_7 = 155°C$.

************** *Soluzione* ***************

Dati

Elemento	Grandezza	Simbolo	Valore	Unità di misura
Generatore	pressione	$p_1 = p_2$	$50 \cdot 10^5$	Pa
Condensatore	pressione	$p_4 = p_5$	$4 \cdot 10^3$	Pa
Turbina	Rendimento isoentropico	$\eta_{is,e}$	0.78	[-]
Scambiatore rigenerativo	temperatura in uscita	t_7	155	°C

Determinazione dei capisaldi del ciclo

Poiché si tratta di un ciclo Rankine a vapore saturo secco, si possono determinare le grandezze termodinamiche all'uscita del generatore, caposaldo 2 (curva limite superiore, alla pressione del generatore), all'uscita del condensatore, caposaldo 5, (curva limite inferiore, alla pressione del condensatore), all'uscita dello scambiatore rigenerativo R (curva limite inferiore, nota la temperatura di saturazione da cui si può calcolare la pressione nello scambiatore rigenerativo). Infatti, il rigeneratore è costituito da uno scambiatore a miscela, elemento isobaro, in cui entrano sia il liquido dalla pompa di estrazione, sia la miscela bifase spillata dalla turbina. Quindi, risulta nota la temperatura di saturazione nell'elemento.

Da questa si può ottenere la pressione di saturazione (caposaldo 3) a quella temperatura. La pompa di ricircolo porta il liquido in condizioni di liquido sottoraffreddato.

Con le precedenti considerazioni, è possibile determinare le grandezze nei singoli capisaldi: si indicano in grassetto le grandezze ricavate direttamente da testo, mentre le restanti sono ricavate dalla consultazione delle tabelle di saturazione.

Caposaldo	Grandezza	Simbolo	Valore Unità di misura
1	**pressione**	$p_{gen} = p_2 = p_1$	$50 \cdot 10^5$ Pa
2	**pressione**	$p_{gen} = p_2$	$50 \cdot 10^5$ Pa
	temperatura	$t_2 = t_{sat}(p_2)$	263.94 °C
	volume sp.	$v_2 = v_{vs}(p_2)$	0.039448 m³ kg⁻¹
	entalpia sp.	$h_2 = h_{vs}(p_2)$	2794.2 kJ kg⁻¹
	entropia sp.	$s_2 = s_{vs}(p_2)$	5.9737 kJ kg⁻¹ K⁻¹
3	**pressione**	$p_3 = p_7$	$543.49 \cdot 10^3$ Pa
4	**pressione**	$p_{cond} = p_4$	$4 \cdot 10^3$ Pa
5	**pressione**	$p_5 = p_{cond}$	$4 \cdot 10^3$ Pa
	temperatura	$t_5 = t_{sat}$	28.96 °C
	volume sp.	$v_5 = v_{ls}(p_{cond})$	0.001004 m³ kg⁻¹
	entalpia sp.	$h_5 = h_{ls}(p_{cond})$	121.39 kJ kg⁻¹
	entropia sp.	$s_5 = s_{ls}(p_{cond})$	0.4224 kJ kg⁻¹ K⁻¹
7	pressione	$p_7 = p_{sat}(155°C)$	$543.49 \cdot 10^3$ Pa
	temperatura	$t_7 = t_{sat}$	155.00 °C
	volume sp.	$v_7 = v_{ls}(t_{sat})$	0.001096 m³ kg⁻¹
	entalpia sp.	$h_7 = h_{ls}(t_{sat})$	653.79 kJ kg⁻¹
	entropia sp.	$s_7 = s_{ls}(t_{sat})$	1.8924 kJ kg⁻¹ K⁻¹

Osservazione: poiché la portata nei rami dell'impianto è differente, per ragionare sull'intero ciclo è necessario sviluppare i ragionamenti in termini di potenze, una volta nota la frazione spillata. Si indicano con un asterisco le grandezze specifiche che andranno moltiplicate per una portata differente rispetto a quella totale al generatore G. In figura è rappresentato il ciclo sul diagramma di Gibbs dell'acqua, tratto da [8], completamente ridisegnato dagli autori.

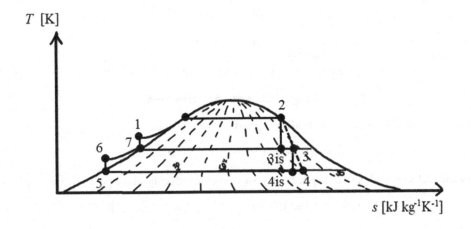

Turbina

Una frazione di portata viene spillata alla pressione dello scambiatore rigenerativo. E' noto inoltre il rendimento isoentropico di espansione, uguale per la sezione ad alta pressione ed a bassa pressione. Considerando le trasformazioni adiabatiche reversibili, si ottengono le grandezze di interesse nei capisaldi 3is e 4is, necessarie per determinare i capisaldi 3 e 4.

3is e 3

L'entropia specifica $s_{3is} = s_2 = 5.9737 \text{ kJ kg}^{-1}\text{K}^{-1}$, la pressione è quella allo scambiatore rigenerativo $p_7 = p_3 = 543.49$ kPa. Si tratta sicuramente di una miscela bifase (considerare figura)

$$x_{3is} = \frac{s_2 - s_{ls}}{s_{vs} - s_{ls}} = \frac{5.9737 - 1.8924}{6.7927 - 1.8924} = 0.833$$

$$h_{3is} = x_{3is} \cdot h_{vs} + \left(1 - x_{3is}\right)h_{ls} =$$
$$= 0.833 \cdot 2751.8 + \left(1 - 0.833\right) \cdot 653.79 = 2401.19 \text{ kJ kg}^{-1}$$

$$\eta_{is,e} = \frac{l_t^r}{l_t^{id}} = \frac{h_2 - h_3}{h_2 - h_{3is}}$$

$$\Rightarrow h_3 = h_2 - \eta_{is,e} \cdot \left(h_2 - h_{3is}\right) = 2487.65 \text{ kJ kg}^{-1}$$

$$l_{AP} = h_2 - h_3 = 306.55 \text{ kJ kg}^{-1}$$

$$x_3 = \frac{h_3 - h_{ls}}{h_{vs} - h_{ls}} = \frac{2487.65 - 653.79}{2751.8 - 653.79} = 0.874$$

$$s_3 = x_3 \cdot s_{vs} + \left(1 - x_3\right)s_{ls} =$$
$$= 0.874 \cdot 6.7927 + \left(1 - 0.874\right) \cdot 1.8924 = 6.1757 \text{ kJ kg}^{-1}\text{K}^{-1}$$

4is e 4 Analogamente, per la seconda parte di espansione si ha:

$$s_{4is} = s_3 = 6.1757 \text{ kJ kg}^{-1}\text{K}^{-1}$$

$$x_{4is} = \frac{s_3 - s_{ls}}{s_{vs} - s_{ls}} = \frac{6.1757 - 0.4224}{8.4734 - 0.4224} = 0.715$$

$$h_{4is} = x_{4is} \cdot h_{vs} + \left(1 - x_{4is}\right)h_{ls} =$$
$$= 1859.55 \text{ kJ kg}^{-1}$$

$$\eta_{is,e} = \frac{l_t^r}{l_t^{id}} = \frac{h_3 - h_4}{h_3 - h_{4is}}$$

$$\Rightarrow h_4 = h_3 - \eta_{is,e} \cdot \left(h_3 - h_{4is}\right) = 1997.73 \text{ kJ kg}^{-1}$$

$$l_{BP}^* = h_3 - h_4 = 489.92 \text{ kJ kg}^{-1}$$

$$x_4 = \frac{h_4 - h_{ls}}{h_{vs} - h_{ls}} = 0.771$$

$$s_4 = x_4 \cdot s_{vs} + \left(1 - x_4\right)s_{ls} = 6.6331 \text{ kJ kg}^{-1}\text{K}^{-1}$$

Pompa di estrazione 5-6

Dall'equazione dell'energia cinetica applicata alla pompa di estrazione si ottiene:

$$l_{pe}^* = v_5 \cdot \left(p_5 - p_6\right) = h_5 - h_6 = -0.542 \text{ kJ kg}^{-1}$$

dal primo principio della termodinamica applicato allo stesso volume di controllo è possibile calcolare h_6:

$$h_6 = h_5 - l_{pe}^* = 121.39 - \left(-0.542\right) = 121.93 \text{ kJ kg}^{-1}$$

Si osservi che in questo tratto dell'impianto la portata circolante è la frazione $\left(1 - f\right)$.

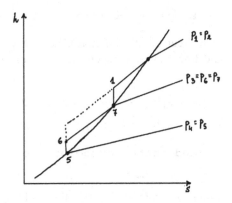

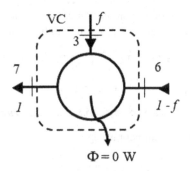

Scambiatore rigenerativo e frazione di vapore spillata

La frazione spillata equivale alla frazione della portata al generatore che, dopo avere contribuito ad una prima espansione nella turbina ad alta pressione (AP), viene convogliata verso lo scambiatore rigenerativo (R) per preriscaldare il fluido, prima di giungere al generatore di vapore. La frazione spillata può essere ricavata applicando il bilancio di primo principio allo scambiatore rigenerativo, considerando il sistema adiabatico verso l'esterno si ha:

$$0 = G\,h_7 - G\,f\,h_3 - G\,(1-f)\,h_6$$

da cui è possibile ricavare la frazione spillata f:

$$f = \frac{h_7 - h_6}{h_3 - h_6} = \frac{653.79 - 121.93}{2487.65 - 121.93} = 0.225$$

Lavori specifici di turbina e pompa di estrazione

Il lavoro netto sarà dato dalla somma del lavoro della turbina di alta e bassa pressione e da quello delle pompe, considerando nei rispettivi elementi quale sia la frazione portata che vi fluisce. Una volta calcolata la frazione spillata f, è possibile valutare il lavoro per unità di massa totale delle turbine e nella pompa di estrazione:

$$l_t = l_{AP} + (1-f)\,l^*_{BP} = (h_2 - h_3) + (1-f)(h_3 - h_4) = 686.33\,\text{kJ}\,\text{kg}^{-1}$$
$$l_{pe} = (1-f) \cdot l^*_{pe} = -0.420\,\text{kJ}\,\text{kg}^{-1}$$

Pompa di ricircolo 7-1

Sono note tutte le grandezze del caposaldo 7 (curva limite inferiore), inoltre la pompa di ricircolo opera tra la pressione dello scambiatore rigenerativo e quella del generatore di vapore. Il fluido, quindi, esce dalla pompa in condizioni di liquido sottoraffreddato.

$$l_{p,pr} = v_7 \cdot (p_7 - p_1) = h_7 - h_1 = -4.884 \text{ kJ kg}^{-1}$$
$$h_1 = h_7 - l_{p,rc} = 653.79 - (-4.884) = 658.67 \text{ kJ kg}^{-1}$$

Rendimento termodinamico

$$l_n = l_t + l_{p,pr} + l_{pe} =$$
$$= 686.33 - 4.884 - 0.420 = 681.02 \text{ kJ kg}^{-1}$$
$$q_1 = h_2 - h_1 = 2135.53 \text{ kJ kg}^{-1}$$

$$\boxed{\eta = \frac{l_n}{q_1} = \frac{681.02}{2135.53} = 0.319}$$

Osservazione: si sarebbe, inoltre, potuto calcolare il calore ceduto dal fluido nel condensatore, considerando come vi scorra la frazione $(1 - f)$ ed applicando il primo principio tra ingresso ed uscita di questo elemento:

$$q_2 = (1 - f)(h_5 - h_4) = (1 - 0.225)(121.39 - 1997.73) = -1454.50 \text{ kJ kg}^{-1}$$

da cui è possibile verificare: $q_n = q_1 + q_2 = l_n = l_t + l_{p,pr} + l_{p,pe}$

Il consumo specifico di vapore

Il consumo specifico di vapore può essere valutato come segue:

$$CSV = \frac{G_{vap}}{W_n} = \frac{G_{vap}}{G_{vap} \cdot l_n} \tag{4.33}$$

$$\boxed{CSV = \frac{1}{l_n/3600} = 5.286 \text{ kg kWh}^{-1}}$$

Osservazione

Senza attuare la rigenerazione, l'impianto diventerebbe pari a quello considerato nell'esercizio precedente da cui è possibile osservare: $\eta_{rig} > \eta_{nonrig}$.

4.12 Ciclo Rankine con risurriscaldamento

> Per la risoluzione dell'esercizio è necessario conoscere: le miscele liquido-vapore, il ciclo Rankine con risurriscaldamento, il primo principio della termodinamica, il rendimento isoentropico, il consumo specifico di vapore.

In un ciclo Rankine con risurriscaldamento che opera in condizioni stazionarie, il vapor d'acqua entra in turbina alla pressione $p_3 = 140$ bar ed alla temperatura $t_3 = 550°C$.

Successivamente espande isoentropicamente fino alla pressione intermedia $p_4 = 20$ bar e viene, quindi, nuovamente riportato in caldaia, dove avviene il suo risurriscaldamento, a pressione costante, fino alla temperatura $t_5 = t_3 = 550°C$. Il vapore viene inviato in turbina, dove viene fatto espandere fino alla pressione del condensatore $p_6 = 4$ kPa.

Determinare:

- Il rendimento termodinamico del ciclo (ideale);
- Il consumo specifico di vapore;
- Il rendimento termodinamico del ciclo, nel caso in cui il rendimento isoentropico di espansione sia uguale per le due turbine $\eta_{is,e} = 0.89\%$ (considerando il processo stazionario e le trasformazioni adiabatiche)

Ipotizzare che gli elementi di scambio termico ed i condotti siano isobari ed adiabatici verso l'esterno, e che le variazioni di energia cinetica e potenziale tra ingresso ed uscita nei singoli componenti siano trascurabili.

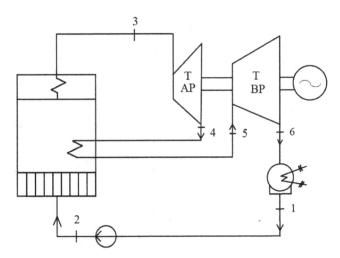

** *Soluzione* **

Dati

Elemento	Grandezza	Simbolo	Valore	Unità di misura
Generatore	pressione	$p_2 = p_3$	$140 \cdot 10^5$	Pa
Condensatore	pressione	$p_6 = p_1$	$4 \cdot 10^3$	Pa
Turbine	Temperatura	$t_5 = t_3$	550	°C
	Pressione int.	$p_4 = p_5$	$20 \cdot 10^3$	Pa
Caso con irreversibilità	Rendimento isoentropico	$\eta_{is,e}$	0.89	[-]

Dalle tabelle del vapore surriscaldato, per interpolazione lineare, si possono ricavare le grandezze relative al caposaldo 3 (sono note due coordinate termodinamiche). La pressione intermedia è quella a cui avviene il risurriscaldamento, portando il vapore alla stessa temperatura presente all'uscita del generatore (da testo). Sia il generatore di vapore, sia il condensatore sono elementi isobari, per cui: $p_1 = p_6 = p_{cond}$ e $p_2 = p_3 = p_{gen}$. Inoltre, essendo un ciclo Rankine-Hirn, all'uscita del condensatore il fluido si trova in condizioni di liquido saturo, per cui alla mandata della pompa il fluido sarà in condizioni di liquido sottoraffreddato.

Il ciclo ideale presenta trasformazioni in turbina adiabatiche e reversibili, quindi, isoentropiche. In figura è rappresentato il ciclo sul diagramma di Gibbs dell'acqua, tratto da [8], completamente ridisegnato dagli autori. Attraverso le precedenti considerazioni, è possibile determinare le grandezze nei singoli capisaldi. Si indicano in grassetto le grandezze ricavate direttamente da testo, mentre le restanti sono ricavate consultando le tabelle di saturazione [8] e del vapore surriscaldato.

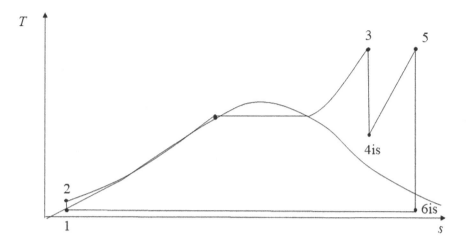

Caposaldo	Grandezza	Simbolo	Valore	Unità di misura
1	**pressione**	$p_1 = p_{cond}$	$4 \cdot 10^3$	Pa
	temperatura	$t_1 = t_{sat}(p_{cond})$	28.96	°C
	volume sp.	$v_1 = v_{ls}(p_{cond})$	0.001004	$\mathrm{m^3\,kg^{-1}}$
	entalpia sp.	$h_1 = h_{ls}(p_{cond})$	121.39	$\mathrm{kJ\,kg^{-1}}$
	entropia sp.	$s_1 = s_{ls}(p_{cond})$	0.4224	$\mathrm{kJ\,kg^{-1}\,K^{-1}}$
2	**pressione**	$p_2 = p_3$	$140 \cdot 10^5$	Pa
3	**pressione**	p_3	$140 \cdot 10^5$	Pa
	temperatura	t_3	550	°C
	entalpia sp.	h_3	3460.84	$\mathrm{kJ\,kg^{-1}}$
	entropia sp.	s_3	6.5665	$\mathrm{kJ\,kg^{-1}\,K^{-1}}$
4is	**pressione**	$p_{4is} = p_4$	$20 \cdot 10^5$	Pa
	entropia sp.	$s_{4is} = s_3$	6.5665	$\mathrm{kJ\,kg^{-1}\,K^{-1}}$
4	**pressione**	$p_4 = p_{int}$	$20 \cdot 10^5$	Pa
5	**pressione**	$p_5 = p_4$	$20 \cdot 10^5$	Pa
	temperatura	$t_5 = t_3$	550	°C
	entalpia sp.	h_5	3579.50	$\mathrm{kJ\,kg^{-1}}$
	entropia sp.	s_5	7.5690	$\mathrm{kJ\,kg^{-1}\,K^{-1}}$
6is	**pressione**	$p_{6is} = p_1$	$4 \cdot 10^3$	Pa
	entropia sp.	$s_{6is} = s_5$	7.5690	$\mathrm{kJ\,kg^{-1}\,K^{-1}}$
6	**pressione**	$p_6 = p_{cond}$	$4 \cdot 10^3$	Pa

Pompa 1-2

All'uscita del condensatore/ ingresso pompa il fluido si ipotizza essere in condizioni di liquido saturo. Si conosce la pressione di mandata, pari a quella del generatore di vapore. Quindi, il fluido esce dalla pompa in condizioni di liquido sottoraffreddato. E' possibile calcolare il lavoro per unità di massa assorbito dalla pompa attraverso l'equazione dell'energia cinetica per la pompa e l'entalpia nel caposaldo 2 attraverso il primo principio applicato alla pompa $\left(-l_p = h_2 - h_1\right)$.

$$l_p = v_1 \cdot \left(p_1 - p_2\right) = h_1 - h_2 = -14.05 \text{ kJ kg}^{-1}$$
$$h_2 = h_1 - l_p = 121.39 - (-14.05) = 135.44 \text{ kJ kg}^{-1}$$

Lavoro per unità di massa e calore fornito

Il lavoro netto specifico sarà pari alla somma dei lavori specifici delle due turbine e della pompa (si ricorda come quest'ultima sia una macchina operatrice, $l_p < 0$, come risulta dai calcoli precedenti). I lavori per unità di massa, nell'ipotesi di adiabaticità, stazionarietà e $\Delta e_c = \Delta e_p = 0 \text{ kJ kg}^{-1}$, sono pari al salto entalpico associato alle trasformazioni che avvengono nell'elemento considerato. Quindi, il lavoro netto per unità di massa (indicato come ideale per distinguerlo dal caso in cui verranno considerati i rendimenti) sarà pari a:

$$l_{n,id} = l_{AP,id} + l_{BP,id} + l_p = \left(h_3 - h_{4is}\right) + \left(h_5 - h_{6is}\right) + l_p = 1887.21 \text{ kJ kg}^{-1}$$

Nel calcolo del calore fornito (effettuato attraverso una analisi di primo principio al generatore di vapore - gdv), deve essere inclusa la parte relativa al risurriscaldamento ($risurr$), per cui:

$$q_{1,id} = q_{gdv} + q_{risurr} = \left(h_3 - h_2\right) + \left(h_5 - h_{4is}\right) = 4145.58 \text{ kJ kg}^{-1}$$

Si osservi come, applicando il primo principio al condensatore (anch'esso adiabatico verso l'esterno) si possa calcolare il calore ceduto dal ciclo e, come sia sempre verificato il primo principio applicato all'intero ciclo $q_n = l_n$.

$$q_{2,id} = \left(h_1 - h_{6is}\right) = -2258.37 \text{ kJ kg}^{-1}$$
$$q_{n,id} = q_{1,id} + q_{2,id} = 1887.21 \text{ kJ kg}^{-1}$$

Rendimento termodinamico ideale e consumo specifico di vapore

Il rendimento, nel caso ideale sarà pari sempre al rapporto tra lavoro netto del ciclo e calore fornito

$$\boxed{\eta_{id} = \frac{l_{n,id}}{q_{1,id}} = \frac{1887.21}{4145.58} = 0.455 = 45.5\%}$$

Il consumo specifico di vapore CSV può essere valutato come segue:

$$\boxed{CSV_{id} = \frac{G}{G \cdot l_{n,id}} = \frac{1}{l_n/3600} = 1.908 \text{ kg kWh}^{-1}}$$

Caso reale

Ciò che varia, nel caso dell'impianto considerato, sono i capisaldi di uscita delle turbine, poiché si deve considerare il rendimento isoentropico di espansione. Di conseguenza, varierà il lavoro tecnico estraibile da queste e, come visibile dallo schema, il calore fornito al fluido nel generatore e quello sottratto al condensatore.

$$\eta_{is,e} = \frac{l_t^r}{l_t^{id}} = \frac{h_3 - h_4}{h_3 - h_{4is}}$$
$$\Rightarrow h_4 = h_3 - \eta_{is,e} \cdot \left(h_3 - h_{4is}\right) = 2844.80 \text{ kJ kg}^{-1}$$
$$\eta_{is,e} = \frac{l_t^r}{l_t^{id}} = \frac{h_5 - h_6}{h_5 - h_{6is}}$$
$$\Rightarrow h_6 = h_5 - \eta_{is,e} \cdot \left(h_5 - h_{6is}\right) = 2512.76 \text{ kJ kg}^{-1}$$

Da cui:

$$l_n = \left(h_3 - h_4\right) + \left(h_5 - h_6\right) + l_p = 1678.08 \text{ kJ kg}^{-1}$$
$$q_1 = \left(h_3 - h_2\right) + \left(h_5 - h_4\right) = 4069.44 \text{ kJ kg}^{-1}$$

$$\eta = \frac{l_n}{q_1} = \frac{1678.08}{4069.44} = 0.412 = 41.2\%$$

$$CSV = \frac{G}{G \cdot l_n} = \frac{1}{l_n/3600} = 2.145 \text{ kg kWh}^{-1}$$

5

Cicli inversi

5.1 Efficienza ciclo di Carnot inverso

> Per la risoluzione dell'esercizio è necessario conoscere: le macchine termiche, il primo ed il secondo principio della termodinamica.

Un ciclo di Carnot inverso, opera come frigorifero tra le temperature $t_1 = 85°C$ e $t_2 = 29°C$. Calcolare la potenza meccanica W_t necessaria per estrarre dalla capacità fredda un flusso termico $\Phi_2 = 3$ kW.

********************************** *Soluzione* **********************************

Dati

	Grandezza	Simbolo	Valore	Udm
Macchina	Temperatura termostato 1	T_1	358.15	K
Carnot ciclo	Temperatura termostato 2	T_2	302.15	K
inverso	Potenza termica utile	Φ_2	3×10^3	W

Schema del sistema

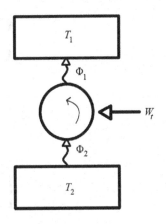

Efficienza del ciclo di Carnot inverso

L'efficienza di un ciclo di Carnot inverso è dato da:

$$\varepsilon_{C,F} = \frac{\Phi_2}{|W_t|} = \frac{T_2}{T_1 - T_2} = \frac{302.15}{358.15 - 302.15} = 6.396$$

Potenza meccanica necessaria

$$W_t = \frac{\Phi_2}{\varepsilon_C} = \frac{-3000}{6.396} = -469 \text{ W}$$

© Springer-Verlag Italia 2022
R. Borchiellini et al., *Esercizi di Termodinamica Applicata*,
https://doi.org/10.1007/978-88-470-4016-8_5

5.2 Accoppiamento macchine di di Carnot a ciclo diretto ed inverso

Per la risoluzione dell'esercizio è necessario conoscere: le macchine termiche, il primo ed il secondo principio della termodinamica.

Ad una macchina di Carnot viene fornita una quantità di calore pari a $Q_1 = 1.2$ MJ da un termostato a $t_1 = 500°C$, il rendimento di questa macchina è $\eta_C = 0.57$. Il lavoro fornito da questa macchina viene utilizzato per azionare una macchina a ciclo di Carnot inverso che refrigera una cella a $t_4 = -38°C$, sottraendo la quantità di calore $Q_4 = 1.98$ MJ (effetto utile della macchina). Calcolare le temperature alle quali le due macchine cedono calore. Le trasformazioni sono da considerarsi tutte reversibili (macchine di Carnot).

*********************************** *Soluzione* ***********************************

Dati

	Grandezza	Simbolo	Valore	Unità di misura
Macchina Carnot	Temperatura termostato 1	T_1	773.15	K
ciclo diretto	Calore fornito	Q_1	1.2×10^6	J
	Rendimento Carnot	η_C	0.57	–
Macchina Carnot	Temperatura termostato 4	T_4	235.15	K
ciclo inverso	Calore asportato	Q_4	1.98×10^6	J
	Lavoro tecnico	L_t	$L_t^{frigo} = -L_t^{mot}$	J

Schema sistema

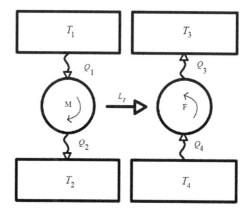

Rendimento di Carnot

Il rendimento del ciclo di Carnot può essere scritto in funzione delle sole temperature tra cui opera il ciclo come segue:

$$\eta_C = \frac{L_t}{Q_1} = \frac{Q_1 - |Q_2|}{Q_1} = 1 - \frac{T_2}{T_1} \tag{5.1}$$

Da cui:

$$\boxed{T_2 = T_1 \cdot (1 - \eta_C) = 773.15 \cdot (1 - 0.57) = 332.45 \text{ K}}$$

Dalla prima relazione si può calcolare anche il lavoro tecnico che viene fornito alla seconda macchina:

$$\boxed{L_t = \eta_C \cdot Q_1 = 0.57 \cdot 1200 = 684 \text{ kJ}}$$

Efficienza ciclo di Carnot inverso

$$\varepsilon_C = \frac{Q_4}{|L_t|} = \frac{T_4}{T_3 - T_4} \tag{5.2}$$

$$\boxed{\varepsilon_C = \frac{Q_4}{|L_t|} = \frac{1980}{684} = 2.895}$$

$$\boxed{T_3 = T_4 \cdot \left(1 + \frac{1}{\varepsilon_C}\right) = 235.15 \cdot \left(1 + \frac{1}{2.895}\right) = 316.38 \text{ K}}$$

5.3 Stabilimento con bagno di Zinco fuso

Per la risoluzione dell'esercizio è necessario conoscere: le macchine termiche, il primo ed il secondo principio della termodinamica.

In uno stabilimento si hanno a disposizione complessivamente tre sistemi, due dei quali isotermi, con un comportamento assimilabile a quello di un termostato:

- il primo è realizzato con un flusso continuo di vapor d'acqua saturo a $t_{vap} = 120°C$ ed è in grado di cedere calore;
- il secondo è costituito da un serbatoio di acqua a $t_a = 18°C$.

Il terzo, invece, è costituito da un bagno di zinco fuso che necessita di un flusso termico per potere essere mantenuto alla temperatura costante di $t_{Zn} = 420°C$ (sistema disperdente).
Considerando un opportuno sistema di macchine reversibili, calcolare la quantità limite massima di calore che può essere dispersa dal bagno di zinco, affinché venga comunque mantenuta la temperatura di fusione dello zinco, sfruttando il flusso di calore del vapore d'acqua, ed esprimendo il risultato in funzione di quest'ultimo.

************************************ *Soluzione* ************************************

Il sistema considerato

Il sistema termodinamico che permette di realizzare il processo richiesto è quello schematizzato in figura: un ciclo che opera tra T_{vap} e T_a viene utilizzato per alimentare una pompa di calore, operante tra i termostati a temperatura T_{Zn} e T_a. Affinché la quantità di calore per il bagno di zinco fuso sia massima è necessario che entrambe le macchine siano reversibili e, quindi, che i cicli abbiano rendimento massimo (Carnot). Si può ragionare, allora, per unità di calore fornito dal vapore d'acqua.

Dal rendimento di Carnot

$$\eta_C = \frac{L_t}{Q_M^+} = 1 - \frac{T_a}{T_{vap}}$$

$$\Rightarrow L_t = \left(1 - \frac{T_a}{T_{vap}}\right) \cdot Q_M^+ \tag{5.3}$$

Dati

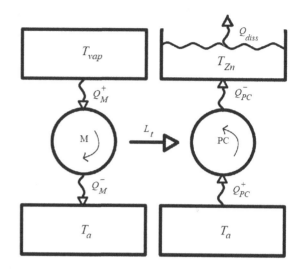

Schema del sistema

	Grandezza	Simbolo	Valore	Udm
	Temperatura vapore	T_{vap}	393.15	K
Termostati	Temperatura bagno Zn	T_{Zn}	693.15	K
	Temperatura acqua	T_a	291.15	K

Dall'efficienza di Carnot inverso

$$\varepsilon_C = \frac{Q_{PC}^-}{|L_t|} = \frac{T_{Zn}}{T_{Zn} - T_a}$$

$$\Rightarrow Q_{PC}^- = \frac{T_{Zn}}{T_{Zn} - T_a} \cdot |L_t|$$

(5.4)

Mettendo a sistema le due equazioni precedenti si ottiene:

$$Q_{PC}^- = \frac{T_{Zn}}{T_{Zn} - T_a}\left(1 - \frac{T_a}{T_{vap}}\right)Q_M^+ =$$

$$= \frac{693.15}{693.15 - 291.15}\left(1 - \frac{291.15}{393.15}\right)Q_M^+ =$$

$$= 0.447 \cdot Q_M^+$$

Per cui, la quantità massima di calore che può essere fornita dal vapor d'acqua ed essere resa disponibile al bagno di zinco fuso è pari al 44.7% del calore complessivamente fornito dal vapore d'acqua.

5.4 Macchina frigorifera reversibile

Per la risoluzione dell'esercizio è necessario conoscere: le macchine termiche, il primo ed il secondo principio della termodinamica.

Una macchina frigorifera reversibile, viene impiegata per raffreddare a pressione costante un serbatoio di acqua (stato liquido), di volume pari a 60 L, tra le temperature $t_1 = 26°C$ e $t_2 = 4.5°C$, cedendo calore all'ambiente esterno $t_0 = 20°C$. Calcolare il lavoro richiesto complessivamente dalla macchina.

*********************************** *Soluzione* *************************************

Dati

	Grandezza	Simbolo	Valore Udm
Macchina reversibile			
Ambiente	temperatura	T_0	$20 + 273.15$ K
	densità	ρ	1000 kg m^{-3}
	volume	V	$60 \cdot 10^{-3}$ m^3
H$_2$O da raffreddare	pressione	p	$p =$cost Pa
	temperatura iniziale	T_1	$26 + 273.15$ K
	temperatura finale	T_2	$4.5 + 273.15$ K

Schema del sistema

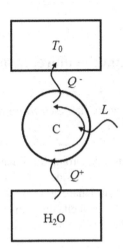

Si tratta di un sistema reversibile, per cui $\Delta S_{tot} = 0$ J K^{-1}. La variazione di entropia totale, essendo l'entropia una funzione di stato, può essere scritta come sommatoria di tutte le variazioni di entropia dei sottosistemi che costituiscono il sistema, per cui:

$$\Delta S_{tot} = \Delta S_{\text{H}_2\text{O}} + \Delta S_{ciclo} + \Delta S_{T_0}$$
$$0 = \Delta S_{\text{H}_2\text{O}} + 0 + \Delta S_{T_0}$$

(5.5)

dove la variazione di entropia dell'acqua, trattandosi di una trasformazione isobara è:

$$\Delta S_{\text{H}_2\text{O}} = m_{\text{H}_2\text{O}} \, c_p \ln\left(\frac{T_2}{T_1}\right) = \rho_{\text{H}_2\text{O}} \, V \, c \ln\left(\frac{T_2}{T_1}\right) =$$
$$= 1000 \cdot 0.060 \cdot 4186 \cdot \ln\left(\frac{277.65}{299.15}\right) = -18.73 \, \text{kJ K}^{-1}$$

mentre, la temperatura dell'ambiente esterno funge da termostato:

$$\Delta S_{T_0} = \frac{Q^-}{T_0}$$

Per cui, dalla Equazione (5.5):

$$Q^- = -T_0 \, \Delta S_{\text{H}_2\text{O}} = -T_0 \, \rho_{\text{H}_2\text{O}} \, V \, c \ln\left(\frac{T_2}{T_1}\right) = -293.15 \cdot (-18.73) = 5491.42 \, \text{kJ}$$

Q^- risulta positivo perché l'ambiente *riceve* il calore ceduto dal fluido operativo del ciclo.

Invece, la quantità di calore sottratta all'acqua, $Q_{\text{H}_2\text{O}}$, equivalente a quella entrante nel ciclo, Q^+, si ottiene come:

$$Q^+ = -Q_{\text{H}_2\text{O}} = -m \, c_p \, \Delta T = -\rho_{\text{H}_2\text{O}} \, V \, c_p \, (T_2 - T_1)$$

Nello scrivere i segni dell'equazione si sono considerati i due sistemi, acqua e fluido evolvente che realizza il ciclo termodinamico. Il calore è positivo per il fluido, negativo per il serbatoio che lo cede al fluido.

$$Q^+ = -Q_{\text{H}_2\text{O}} = -1000 \cdot 60 \cdot 10^{-3} \cdot 4186 \cdot (277.75 - 299.15) =$$
$$= 5399.94 \, \text{kJ}$$

Applicando il primo principio al ciclo si ha $Q_n - L_n = 0$:

$$
\boxed{
\begin{aligned}
L_n &= Q^+ - Q^- = \\
&= 5399.94 - 5491.42 = -91.48 \text{ kJ}
\end{aligned}
}
$$

5.5 Pompa di calore, lavoro minimo di compressione

> Per la risoluzione dell'esercizio è necessario conoscere: le macchine termiche, il primo ed il secondo principio della termodinamica.

Calcolare il lavoro minimo richiesto per il funzionamento di una macchina frigorifera ciclica, operante in modalità pompa di calore, considerando che assorba calore dalla sorgente alla temperatura ambiente $t_0 = 8°C$, e che venga utilizzata per riscaldare, una massa $m = 1.6$ kg di acqua contenuta in un serbatoio, portando l'acqua dalla temperatura iniziale di 10°C a quella finale di 36°C con una trasformazione isobara. Nel salto termico considerato per l'acqua si può ipotizzare il calore specifico a pressione costante pari a 4186 J kg^{-1} K^{-1}.

************************************* *Soluzione* *************************************

Dati				
	Grandezza	Simbolo	Valore	Udm
Macchina reversibile				
Ambiente	temperatura	T_0	8 + 273.15	K
	massa	m	1.6	kg
	calore specifico	c_{H_2O}	4186	J kg^{-1} K^{-1}
H$_2$O da riscaldare	pressione	p	p =cost	Pa
	temperatura iniziale	T_{start}	10 + 273.15	K
	temperatura finale	T_{fin}	35 + 273.15	K

Schema del sistema

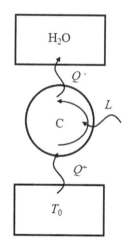

E' possibile calcolare la quantità di calore necessaria per portare l'acqua dalla temperatura iniziale a quella finale:

$$
Q^- = m_{H_2O} \, c_{H_2O} \, \Delta T_{H_2O} = 1.6 \cdot 4186 \cdot 25 = 167.44 \text{ kJ}
$$

Se si considera il sistema termodinamico serbatoio, Q^-, risulterà una quantità positiva in quanto entrante nel sistema, viceversa considerando il ciclo sarà una quantità negativa poiché uscente dal sistema. Per ovviare al problema dei segni si considera il suo modulo Q^-. Applicando il primo principio al ciclo si ha:

$$
Q^+ - Q^- = L_n
$$

Il lavoro minimo si ottiene considerando la macchina reversibile, per cui dal secondo principio:

$$\Delta S_{Uni} = 0 = \Delta S_{H_2O} + \Delta S_{T_0} + \Delta S_{ciclo}$$

$$0 = m_{H_2O}\, c_{H_2O}\, \ln\left(\frac{T_{fin}}{T_{start}}\right) - \frac{Q^+}{T_0} + 0$$

$$\Rightarrow Q^+ = T_0\, m_{H_2O}\, c_{H_2O}\, \ln\left(\frac{T_{fin}}{T_{start}}\right) = 281.15 \cdot 1.6 \cdot 4186 \cdot \ln\left(\frac{308.15}{283.15}\right) = 159.32\ \text{kJ}$$

Quindi, il lavoro minimo sarà:

$$\boxed{L_n = Q^+ - Q^- = 159.32 - 167.44 = -8.12\ \text{kJ}}$$

L'efficienza della pompa di calore può essere valutata come:

$$\varepsilon_{PC} = \frac{Q^-}{|L_n|} = 20.6$$

Osservazione: le pompe di calore realmente realizzabili presentano efficienze di gran lunga inferiori rispetto a quella qui calcolata (comprese mediamente nell'intervallo $3 \le \varepsilon_{PC} \le 6$).

5.6 Ciclo frigorifero a compressione di vapore, calcolo dei capisaldi del ciclo

Per la risoluzione dell'esercizio è necessario conoscere: il ciclo frigorifero a compressione di vapore, le miscele liquido-vapore, il primo principio della termodinamica.

In una macchina frigorifera, operante con un ciclo a compressione di vapore, con fluido refrigerante R134a, vengono effettuate le seguenti misure:

- Pressione ad inizio compressione: $p_1 = 3.10$ bar;
- Pressione a fine compressione: $p_2 = 7.37$ bar;
- Temperatura del fluido ad inizio compressione: $t_1 = 13.3°C$;
- Temperatura del fluido in uscita dal compressore: $t_2 = 57.2°C$;

Per le trasformazioni si utilizzino le seguenti ipotesi:

- Variazioni di energia cinetica e potenziale tra ingresso ed uscita dei singoli componenti trascurabili;
- Nei componenti di scambio termico e nei condotti, non si hanno variazioni di pressione;
- Laminazione isoentalpica nella valvola di laminazione;
- Sottoraffreddamento nullo;
- Compressione adiabatica.

Definire per tutti i capisaldi del ciclo: pressione, temperatura, entalpia specifica, entropia specifica, titolo del vapore. Valutare inoltre il rendimento isoentropico di compressione.

Tabelle utili per la risoluzione dell'esercizio

Tabella 5.1: Estratto delle tabelle di saturazione R134a in funzione della pressione [8]

p_{vs} kPa	t_{sat} °C	v_{ls}	v_{vs} m³ kg⁻¹	h_{ls}	h_{vs} kJ kg⁻¹	s_{ls}	s_{vs} kJ kg⁻¹ K⁻¹
280	−1.25	0.0007699	0.072352	50.18	249.72	0.19829	0.9321
320	2.46	0.0007772	0.063604	55.16	251.88	0.21637	0.93006
360	5.82	0.0007841	0.056738	59.72	253.81	0.2327	0.92836
400	8.91	0.0007907	0.051201	63.94	255.55	0.24761	0.92691
450	12.46	0.0007985	0.045619	68.81	257.53	0.26465	0.92535
500	15.71	0.0008059	0.041118	73.33	259.3	0.28023	0.924
550	18.73	0.000813	0.037408	77.54	260.92	0.29461	0.92282
600	21.55	0.0008199	0.034295	81.51	262.4	0.30799	0.92177
650	24.2	0.0008266	0.031646	85.26	263.77	0.32051	0.92081
700	26.69	0.0008331	0.029361	88.82	265.03	0.3323	0.91994
750	29.06	0.0008395	0.027371	92.22	266.2	0.34345	0.91912

Tabella 5.2: Estratto delle tabelle di vapore surriscaldato R134a [8]

| t | $p = 2.8$ bar | | | $p = 3.2$ bar | | |
°C	v m³ kg⁻¹	h kJ kg⁻¹	s kJ kg⁻¹ K⁻¹	v m³ kg⁻¹	h kJ kg⁻¹	s kJ kg⁻¹ K⁻¹
10	0.07646	259.68	0.968	0.06609	258.69	0.9544
20	0.07997	268.52	0.9987	0.06925	267.66	0.9856
30	0.08338	277.41	1.0285	0.07231	276.65	1.0157
40	0.08672	286.38	1.0576	0.0753	285.7	1.0451

Tabella 5.3: Estratto delle tabelle di vapore surriscaldato R134a [8]

| t | $p = 7.0$ bar | | | $p = 8.0$ bar | | |
°C	v m³ kg⁻¹	h kJ kg⁻¹	s kJ kg⁻¹ K⁻¹	v m³ kg⁻¹	h kJ kg⁻¹	s kJ kg⁻¹ K⁻¹
40	0.031696	278.57	0.9641	0.027035	276.45	0.948
50	0.033322	288.53	0.9954	0.028547	286.69	0.9802
60	0.034875	298.42	1.0256	0.029973	296.81	1.011
70	0.036373	308.33	1.0549	0.03134	306.88	1.0408

************************************** *Soluzione* **************************************

Schema

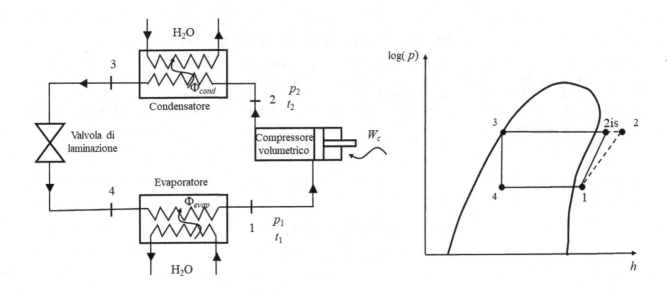

Caposaldo 1: ingresso compressore/uscita evaporatore

Per calcolare le grandezze del caposaldo relativo all'inizio della compressione, sono note due coordinate termodinamiche: temperatura e pressione. Si possono, quindi, attraverso le tabelle del refrigerante R134a, determinare le altre grandezze.

Dalle tabelle di saturazione, Tabella 5.1, si può agevolmente verificare come il fluido ad inizio compressione si trovi in stato di vapore surriscaldato, poiché $t_1 > t_{sat}(p_1)$, per cui $x_1 > 1$.

Dalle tabelle del vapore surriscaldato si considerano i valori più prossimi alla pressione ed alla temperatura del caposaldo 1, quelli che sono stati riportati in Tabella 5.2. Interpolando linearmente si ottengono i valori corrispondenti alle grandezze di interesse, alla pressione $p_1 = 3.1$ bar.

	$p_1 = 3.1$ bar	
t	h	s
°C	kJ kg^{-1}	kJ kg^{-1} K^{-1}
10	258.94	0.9578
20	267.88	0.9889

Per cui, interpolando nuovamente, alla temperatura del caposaldo $t_1 = 13.3$°C, si possono determinare l'entalpia specifica e l'entropia specifica del caposaldo 1:

$$h_1 = h(10°C) + (t_1 - 10)\frac{h(20°C) - h(10°C)}{20 - 10} =$$
$$= 258.94 + (13.3 - 10.0)\frac{267.88 - 258.94}{20 - 10} = 261.89 \text{ kJ kg}^{-1}$$

$$s_1 = s(10°C) + (t_1 - 10) \frac{s(20°C) - s(10°C)}{20 - 10} =$$
$$= 0.9578 + (13.3 - 10.0) \frac{0.9889 - 0.9578}{20 - 10} = 0.9681 \text{ kJ kg}^{-1} \text{K}^{-1}$$

Caposaldo 2is: uscita ideale del compressore

Il caposaldo 2is si trova alla medesima pressione dell'uscita del compressore, la pressione alta del ciclo, $p_{2is} = p_2 = 7.37$ bar e, la sua entropia specifica è pari a quella ad inizio compressione $s_{2is} = s_1 = 0.968$ kJ kg^{-1} K^{-1}. Analogamente a quanto già effettuato per il caposaldo 1, si deve costruire una tabella alla pressione $p_{2is} = p_2 = 7.37$ bar, poiché non direttamente presente nelle tabelle di vapore surriscaldato, Tabelle 5.3, i valori tra cui interpolare sono quelli in cui è compresa l'entropia specifica $s_{2is} = s_1$.

Interpolando linearmente si ottengono i valori alla pressione $p_{2is} = p_2 = 7.37$ bar:

t	$p_2 = 7.37$ bar	
	h	s
°C	kJ kg^{-1}	kJ kg^{-1} K^{-1}
40	277.79	0.9581
50	287.85	0.9898

Da quest'ultima tabella, interpolando linearmente, conoscendo l'entropia specifica alla quale si trova il caposaldo 2is $s_{2is} = s_1$:

$$t_{2is} = 40 + (0.9680 - 0.9582) \frac{50 - 40}{0.9898 - 0.9581} = 43.1°C$$

$$h_{2is} = h(40°C) + (s_{2is} - s(40°C)) \frac{h(50°C) - h(40°C)}{s(50°C) - s(40°C)} =$$
$$= 277.79 + (0.9680 - 0.9581) \frac{287.85 - 277.79}{0.9898 - 0.9581} = 280.90 \text{ kJ kg}^{-1}$$

Caposaldo 2: uscita compressore/ingresso condensatore

Analogamente a quanto visto per il caposaldo 1, si può procedere per il caposaldo 2 poiché sono misurate sia la pressione $p_2 = 7.37$ bar, sia la temperatura $t_2 = 57.5°C$ all'uscita del compressore. Essendo la trasformazione $1 \mapsto 2$ irreversibile, trovandosi 1 nella zona di vapore saturo, anche a fine compressione ci si attende un valore in questa zona del diagramma. Dalle Tabelle 5.3 del vapore surriscaldato si considerano i valori più prossimi alla pressione ed alla temperatura del caposaldo 2. Interpolando linearmente si ottengono i valori corrispondenti alle grandezze di interesse, alla pressione $p_2 = 7.37$ bar.

t	$p_1 = 7.37$ bar	
	h	s
°C	kJ kg^{-1}	kJ kg^{-1} K^{-1}
50	287.85	0.9898
60	297.82	1.020

Per cui, interpolando nuovamente, alla temperatura del caposaldo $t_2 = 57.5°C$, si possono determinare l'entalpia specifica e l'entropia specifica del caposaldo 2, ovvero lo stato a fine compressione, corrispondente all'ingresso all'evaporatore:

$$h_2 = h(50°C) + (t_2 - 50)\frac{h(60°C) - h(50°C)}{60 - 50} =$$
$$= 287.85 + (57.5 - 50.0)\frac{297.82 - 287.85}{60 - 50} = 295.03 \text{ kJ kg}^{-1}$$

$$s_2 = s(50°C) + (t_2 - 50)\frac{s(60°C) - s(50°C)}{60 - 50} =$$
$$= 0.9898 + (57.5 - 50.0)\frac{1.020 - 0.9898}{60 - 50} = 1.012 \text{ kJ kg}^{-1} \text{ K}^{-1}.$$

Caposaldo 3: uscita condensatore/ingresso valvola di laminazione

Alla fine della condensazione, la pressione è la medesima che si ha ad inizio condensazione poiché per ipotesi fornite dal testo, il processo di scambio termico che avviene in questo elemento è isobaro, inoltre viene specificato come a fine condensazione il fluido sia in stato liquido saturo (senza sottoraffreddamento). Il refrigerante 134a, si trova, quindi, in stato di liquido saturo alla pressione $p_2 = 7.37$ bar (curva limite inferiore).

Dalle tabelle di saturazione del fluido frigorigeno R134a, Tabella 5.1, si verifica come la pressione p_2 non sia presente, per cui, si dovrà nuovamente interpolare per ottenere i valori relativi al caposaldo 3, facendo riferimento ai valori di liquido saturo ls, si ottengono: $t_3 = 28.4°C$, $h_3 = 91.34 \text{ kJ kg}^{-1}$, $s_3 = 0.3406 \text{ kJ kg}^{-1} \text{ K}^{-1}$.

Caposaldo 4: uscita valvola di laminazione/ingresso evaporatore

La valvola di laminazione è un elemento isoentalpico ($h_4 = h_3$). E' nota anche la pressione del caposaldo (la trasformazione nell'evaporatore avviene a pressione costante). Lo stato di 4 si trova nella zona di liquido-vapore, per cui l'interpolazione va fatta nelle tabelle di saturazione, in grassetto i valori alla pressione p_4.

p bar	t_{sat} °C	h_{ls} kJ kg^{-1}	h_{vs} kJ kg^{-1}	s_{ls} kJ kg^{-1} K^{-1}	s_{vs}
2.8	-1.25	50.18	249.72	0.1983	0.9321
3.1	**1.53**	**53.92**	**251.34**	**0.2119**	**0.9306**
3.2	2.46	55.16	251.88	0.2164	0.9301

Noti i valori di saturazione, conoscendo l'entalpia specifica in 4, $h_4 = h_3 = 91.32 \text{ kJ kg}^{-1}$, è possibile calcolare il titolo del vapore in 4 x_4, necessario per determinare le altre grandezze.

$$h_4 = h_{ls} + x_4 \cdot (h_{vs} - h_{ls})$$
$$\Rightarrow x_4 = \frac{h_4 - h_{ls}}{h_{vs} - h_{ls}} = \frac{91.34 - 53.92}{251.34 - 53.92} = 0.190$$

$$s_4 = s_{ls} + x_4 \cdot (s_{vs} - s_{ls})$$
$$s_4 = 0.2119 + 0.190 \cdot (0.9306 - 0.2119) = 0.3481 \text{ kJ kg}^{-1} \text{ K}^{-1}$$

Riassunto capisaldi del ciclo

Si ottengono così, per tutti i capisaldi i valori di pressione, temperatura, entalpia specifica, entropia specifica e titolo, in grassetto le grandezze note da misure o dal ciclo.

Caposaldo	p [bar]	t [°C]	h [kJ kg^{-1}]	s [kJ kg^{-1} K^{-1}]	x [−]
1	**3.10**	**13.3**	261.89	0.9681	−
2is	**7.37**	43.1	280.94	**0.9681**	−
2	**7.37**	**57.2**	295.03	1.012	−
3	**7.37**	28.44	91.34	0.3406	**0**
4	**3.10**	1.56	**91.34**	0.3481	0.190

Rendimento isoentropico di compressione

Il rendimento isoentropico di compressione è dato dal rapporto tra il lavoro ideale di compressione ed il lavoro reale di compressione (macchina operatrice). Considerando le ipotesi di stazionarietà, adiabaticità della macchina, trascurando le variazioni di energia cinetica e potenziale tra ingresso ed uscita macchina, applicando il primo principio della termodinamica, si può scrivere come segue:

$$\eta_{is,c} = \frac{l_c^{id}}{l_c^r} = \frac{h_{2is} - h_1}{h_2 - h_1} \tag{5.6}$$

$$\boxed{\begin{aligned} \eta_{is,c} &= \frac{l_c^{id}}{l_c^r} = \frac{h_{2is} - h_1}{h_2 - h_1} = \\ &= \frac{280.94 - 261.89}{295.03 - 261.89} = 0.574 \approx 57\% \end{aligned}}$$

5.7 Ciclo frigorifero a compressione di vapore: portata, potenze ed efficienza

> Per la risoluzione dell'esercizio è necessario conoscere: il ciclo frigorifero a compressione di vapore, le miscele liquido-vapore, i sistemi aperti, il primo principio della termodinamica.

L'impianto frigorifero rappresentato nello schema ed analizzato nell'Esercizio 5.6, di cui si riportano le grandezze già calcolate nei singoli capisaldi in Tabella 5.4, utilizza un condensatore raffreddato ad acqua, la cui portata è $G_{H_2O,cond} = 270.5$ kg h^{-1}. La temperatura dell'acqua all'ingresso del condensatore è $t_{cond,in} = 18.8$°C, quella in uscita $t_{cond,out} = 22.6$°C. Il calore specifico dell'acqua alle temperature considerate può ipotizzarsi costante e pari a 4186 J kg^{-1} K^{-1}. Vengono misurate, inoltre, le temperature di ingresso ed uscita dell'acqua dall'evaporatore: $t_{evap,in} = 13.2$°C e $t_{evap,out} = 11.4$°C. La potenza elettrica assorbita dal motore del compressore è pari a 200 W.

Calcolare:

- La portata di refrigerante;
- La potenza di compressione;
- La potenza termica ceduta dall'R134a nel condensatore;
- La portata di acqua all'evaporatore;
- La potenza ricevuta dall'R134a nell'evaporatore;
- L'efficienza del ciclo;
- L'efficienza dell'impianto.

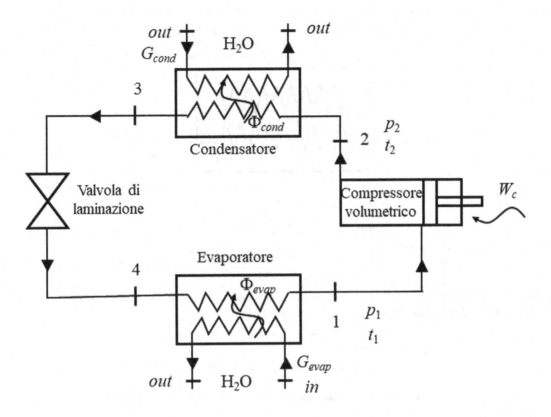

Tabella 5.4: Capisaldi calcolati nell'Esercizio 5.6

Caposaldo	p [bar]	t [°C]	h [kJ kg^{-1}]	s [kJ kg^{-1} K^{-1}]	x [−]
1	3.10	13.3	261.89	0.9681	−
2	7.37	**57.2**	295.03	1.012	−
3	7.37	28.44	91.34	0.3406	0
4	3.10	1.56	91.34	0.3481	0.190

************************************* *Soluzione* *************************************

Analisi di primo principio al condensatore

Per calcolare la portata di fluido refrigerante è necessario applicare il primo principio al condensatore (è nota la portata di acqua). Considerando le ipotesi di stazionarietà, adiabaticità verso l'esterno dell'elemento, variazioni di energia cinetica e potenziale tra ingresso ed uscita dello scambiatore nulle, ricordando che nel condensatore non vi sono organi meccanici in movimento, per il volume di controllo puntinato in figura, si ha:

$$0 = G_{H_2O,cond} \cdot (h_{cond,out} - h_{cond,in}) + G_{R134a} \cdot (h_3 - h_2) \tag{5.7}$$

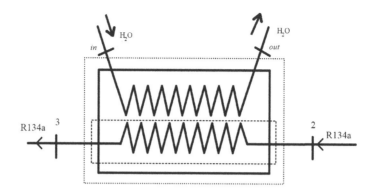

$$G_{\text{R134a}} = \frac{G_{\text{H}_2\text{O},cond} \cdot (h_{cond,out} - h_{cond,in})}{h_2 - h_3} =$$
$$= \frac{270.5/3600 \cdot 4.186(22.6 - 18.8)}{295.03 - 91.34} = 0.0059 \text{ kg s}^{-1}$$

Applicando il primo principio della termodinamica al solo fluido refrigerante (volume di controllo tratteggiato in figura), si può calcolare la potenza termica ceduta da questo all'acqua:

$$\Phi_{cond} = G_{\text{R134a}} \cdot (h_3 - h_2) =$$
$$= 0.0059 \cdot (91.34 - 295.03) \cdot 10^3 = -1193 \text{ W}$$

Analisi di primo principio all'evaporatore

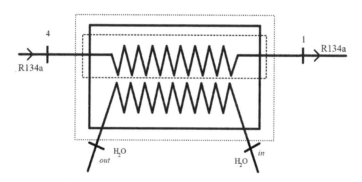

Analogamente a quanto visto per il condensatore, nell'evaporatore si avrà:

$$0 = G_{\text{H}_2\text{O},evap} \cdot (h_{evap,out} - h_{evap,in}) + G_{\text{R134a}} \cdot (h_1 - h_4) \tag{5.8}$$

$$G_{\text{H}_2\text{O},evap} = G_{\text{R134a}} \frac{h_1 - h_4}{h_{evap,in} - h_{evap,out}} =$$
$$= 5.9 \cdot \frac{(261.88 - 91.32)}{4.186 \cdot (13.2 - 11.4)} = 0.133 \text{ kg s}^{-1}$$

Applicando il primo principio della termodinamica al solo fluido refrigerante, si può calcolare la potenza termica ricevuta dal fluido R134a nell'evaporatore:

$$\Phi_{evap} = G_{\text{R134a}} \cdot (h_1 - h_4) = 0.0059 \cdot (261.89 - 91.34) \cdot 10^3 = 999 \text{ W}$$

Nota la portata di refrigerante, applicando il primo principio al compressore con le ipotesi introdotte si può calcolare la potenza all'albero del compressore:

$$-W_t = G_{\text{R134a}} \cdot (h_2 - h_1) \tag{5.9}$$

Da cui:

$$W_t = G_{\text{R134a}} \cdot (h_1 - h_2) =$$
$$= 5.9 \cdot (261.89 - 295.03) = -194 \text{ W}$$

Efficienza del ciclo e dell'impianto

Per il calcolo dell'efficienza del ciclo, si considera come volume di controllo (rappresentato nella figura con puntini, VC ciclo) unicamente la parte di circuito in cui fluisce il refrigerante R134a. La definizione di efficienza è quella di rapporto tra effetto utile e spesa, quindi:

$$\varepsilon_{ciclo} = \frac{\Phi_{evap}}{W_t} \tag{5.10}$$

$$\varepsilon_{ciclo} = \frac{\Phi_{evap}}{|W_t|} = \frac{G_{\text{R134a}} \cdot (h_1 - h_4)}{|G_{\text{R134a}} \cdot (h_1 - h_2)|} = \frac{261.89 - 91.34}{|261.89 - 295.03|} = 5.15$$

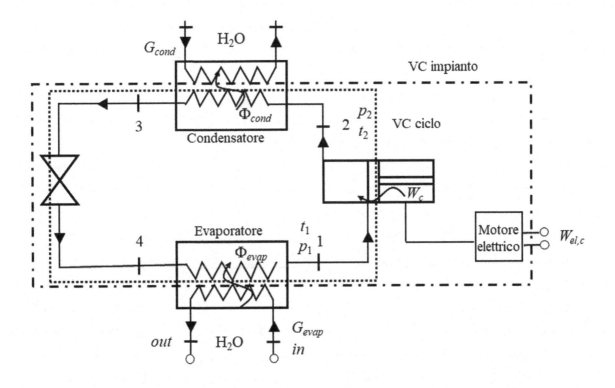

Mentre, per il calcolo dell'efficienza dell'impianto, si deve considerare il volume di controllo rappresentato in figura in tratto punto (VC impianto), dove l'effetto utile è la potenza termica asportata realmente dall'acqua dell'evaporatore e la spesa è la potenza assorbita dal motore del compressore:

$$\varepsilon_{impianto} = \frac{\Phi_{evap}}{W_{el,c}} = \frac{G_{\mathrm{H_2O},evap}\left(h_{out,evap} - h_{in,evap}\right)}{W_{el,c}} \tag{5.11}$$

$$\boxed{\varepsilon_{impianto} = \frac{\Phi_{evap}}{|W_{el,c}|} = \frac{|999|}{|200|} = 4.99}$$

Osservazione: Il calcolo dell'efficienza dell'impianto, così come ricavata, non è rappresentativa di quella reale. Infatti, si sono mantenute invariate le ipotesi ideali introdotte nel testo, quali ad esempio: considerare gli scambiatori di calore completamente adiabatici verso l'esterno, senza dissipazioni, le variazioni di energia cinetica e potenziale tra ingresso ed uscita dei componenti sono state considerate trascurabili, le variazioni di pressione all'interno del circuito sono state considerate nulle, etc.

6

Miscele di gas e Psicrometria

I concetti dalla teoria

Miscele di gas

Spesso, un sistema termodinamico è costituito da un insieme di due o più sostanze gassose, ovvero da una miscela di gas. Il comportamento termodinamico di quest'ultima è funzione della natura e dalle caratteristiche dei suoi costituenti. In questo ambito, si considerano miscele non interagenti da un punto di vista chimico. Per l'i-esimo componente di una miscela si definiscono:

$$\text{Frazione molare: } y_i = \frac{n_i}{n_{tot}} \quad , \quad \text{Frazione massica: } \chi_i = \frac{m_i}{m_{tot}} \tag{6.1}$$

L'ipotesi alla base dei modelli utilizzati per lo studio dei rapporti che intercorrono tra la miscela e gli N componenti gassosi, è che ognuno di questi possa essere descritto attraverso l'equazione di stato dei gas ideali.

- Modello di **Amagat**: ogni componente è trattato come se si trovasse da solo, alla medesima temperatura T della miscela ed alla stessa pressione p della miscela;
- Modello di **Dalton**: ogni componente è trattato come se occupasse l'intero volume V della miscela, alla temperatura T della miscela stessa.

Modello di Amagat

Dall'equazione di stato della miscela e del suo i-esimo componente, applicando la conservazione della massa, si ottiene che il volume totale V della miscela è pari alla somma dei volumi parziali V_i di ognuno dei suoi componenti.

$$n = \sum_{i=1}^{N} n_i$$

$$\frac{pV}{RT} = \sum_{i=1}^{N} \frac{p}{RT} V_i \tag{6.2}$$

$$V = \sum_{i=1}^{N} V_i$$

© Springer-Verlag Italia 2022
R. Borchiellini et al., *Esercizi di Termodinamica Applicata*,
https://doi.org/10.1007/978-88-470-4016-8_6

Modello di Dalton

Dall'equazione di stato della miscela e del suo i-esimo componente, applicando la conservazione della massa, si ottiene che la pressione totale p della miscela è pari alla somma delle pressioni parziali p_i di ognuno dei suoi componenti.

$$n = \sum_{i=1}^{N} n_i$$

$$\frac{pV}{RT} = \sum_{i=1}^{N} \frac{V}{RT} p_i \tag{6.3}$$

$$p = \sum_{i=1}^{N} p_i$$

Dall'unione dei due modelli si può ricavare la frazione molare dell'i-esimo componente della miscela:

$$y_i = \frac{n_i}{n} = \frac{V_i}{V} = \frac{p_i}{p} \tag{6.4}$$

Psicrometria

La psicrometria è la scienza applicata che studia le proprietà di un sistema costituito da una miscela di gas e di vapore. In questo contesto, vi sono molte applicazioni tecniche, come ad esempio il condizionamento dell'aria, la fisica dell'atmosfera, le operazioni di essiccazione industriali, le torri di evaporazione, etc.

In particolare, per il condizionamento dell'aria, si considera solitamente l'intervallo di temperature: $-10 \leq t\,[°\mathrm{C}] \leq 50$. Trattando di condizionamento dell'aria, occorre definire cosa si intenda con il termine *aria*.

L'aria presente in atmosfera, infatti, non è costituita unicamente da una miscela di gas - con prevalenza di azoto ed ossigeno gassosi (la cui composizione dettagliata è riportata in Tabella 6.1) - che ne costituisce la sua parte **secca**, ma anche da una frazione di **vapore d'acqua**.

Per questo motivo, il termine più appropriato per identificare l'aria presente in atmosfera è quello di **aria umida**.

Aria umida - il modello adottato

L'aria umida è una miscela di gas (aria secca) e vapore d'acqua. Nell'aria umida, la composizione dell'aria secca può ritenersi pressoché costante, mentre ciò che varia maggiormente è la quantità di vapore d'acqua.

Si evidenzia come, sebbene la quantità di vapore d'acqua contenuto nell'aria umida sia modesta, il suo apporto risulti fondamentale per la percezione che l'uomo ha del benessere termoigrometrico.

Per sviluppare i calcoli nelle applicazioni, si suppone che:

- L'aria sia considerata come un unico gas le cui proprietà si possono ricavare da quelle dei singoli componenti;
- Non si sviluppino reazioni chimiche tra i diversi gas costituenti la miscela;
- Le proprietà di ognuno dei componenti si calcolino come se questi fossero isolati;
- Entrambe le fasi aeriformi in miscela, vapore d'acqua ed aria secca, possano essere studiate attraverso l'equazione di stato dei gas ideali [1].

---

[1] **Osservazione:** Nelle applicazioni considerate in psicrometria, è possibile adottare il modello di gas ideale anche per il vapore d'acqua, poiché la pressione parziale del vapore risulta molto minore rispetto alla sua pressione critica ($p_{v,cr} = 221$ bar). Una conferma del fatto che questo modello possa ritenersi valido per le temperature considerate, può essere verificato dall'osservazione del diagramma $T - s$ dell'acqua: per temperature inferiori a $50°\mathrm{C}$, si ha che l'entalpia è funzione solo della temperatura $h = h(T)$, poiché le curve ad entalpia costante nella regione del vapore surriscaldato coincidono con dei tratti orizzontali.

L'aria umida può essere quindi trattata come una miscela di gas ideali la cui pressione (totale) della miscela, p_{tot}, è pari alla somma delle pressioni parziali di aria secca, p_a, e del vapore d'acqua, p_v:

$$p_{tot} = p_a + p_v \qquad (6.5)$$

Si noti come, nella maggior parte delle applicazioni, la pressione totale della miscela corrisponda alla pressione atmosferica.

Vapore d'acqua & modello di gas ideale

Pressione: La pressione parziale del vapore d'acqua, p_v, denominata semplicemente come pressione del vapore, corrisponde alla pressione che eserciterebbe il vapore se occupasse tutto il volume della miscela, alla temperatura della miscela stessa.

Entalpia: L'entalpia è una funzione di stato per cui necessita della definizione di uno stato di riferimento $h_{rif} = 0\,\text{kJ kg}^{-1}$. Si considera come stato di riferimento il punto triplo dell'acqua $T_{rif} = T_0 = 273.16$ K, $p_{rif} = p_0 = 0.006117$ bar. Come appare evidente in figura, l'**entalpia del vapore d'acqua** nello stato di riferimento è pari a $h_{vs} = h_{rif} + r_0 = 0 + r_0 = 2501.6\,\text{kJ K}^{-1}$, mentre il calore specifico a pressione costante, nell'intervallo di temperature $-10 \le t\,[^\circ\text{C}] \le 50$ è $c_{pv} = 1.854\,\text{kJ kg}^{-1}\,\text{K}^{-1}$. Dal diagramma $h-s$ è possibile osservare come nel campo di temperature considerato, per una generica temperatura T, alla pressione p (stato 1), l'entalpia del vapore d'acqua presente all'interno dell'aria umida, h_v, possa considerarsi pari all'entalpia del vapore alla medesima temperatura alla pressione p_0 (stato 2).

$$h_v(T,p)_{applicazioni} \cong h_v(T,p_0) = r_0 + \Delta h_v = r_0 + c_p\,(T - T_0)$$

Trasformando la temperatura di riferimento in $^\circ$C, si ha $t_0 = 0.01^\circ$C $\approx 0^\circ$C. L'espressione per l'entalpia del vapore, nel campo di temperature e pressioni considerate in psicrometria, può essere scritto come:

$$h_v = h_{vs} + c_{pv}\,\Delta T = r_0 + c_{pv}\underbrace{\left(t - t_{rif}\right)}_{\approx\,0^\circ\text{C}} = r_0 + c_{pv}\,t = 2501.6 + 1.854 \cdot t \qquad \text{kJ kg}^{-1} \qquad (6.6)$$

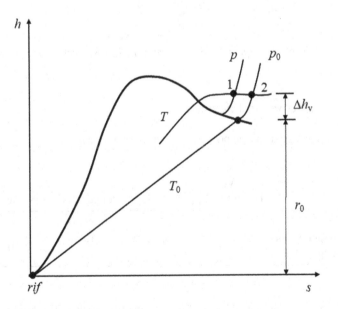

Aria secca

Composizione: in Tabella 6.1, si riporta la composizione dell'aria secca, considerata una miscela di gas ideali.

Tabella 6.1: Composizione dell'aria secca.

Gas	Simbolo	Massa molare $\mathcal{M}$ [kg kmol^{-1}]	Aria secca Frazione in volume y [%]	Frazione in massa χ [%]
Azoto	N$_2$	28.02	78.09	75.52
Ossigeno	O$_2$	32.00	20.95	23.15
Argon	Ar	39.99	0.93	1.28
Anidride carbonica	CO$_2$	44.01	0.03	0.05

da cui:

$$\mathcal{M}_a = \mathcal{M}_{N_2} \cdot y_{N_2} + \mathcal{M}_{O_2} \cdot y_{O_2} + \mathcal{M}_{Ar} \cdot y_{Ar} + \mathcal{M}_{CO_2} \cdot y_{CO_2} = 28.97 \text{ kg kmol}^{-1}$$

$$R_a^* = \frac{R}{\mathcal{M}_a} = 287 \text{ J kg}^{-1} \text{ K}^{-1} \tag{6.7}$$

Calore specifico: nell'intervallo di temperature considerate nelle applicazioni di condizionamento dell'aria, il calore specifico a pressione costante dell'aria secca si può ritenere costante e pari a $c_{pa} = 1005$ J kg^{-1} K^{-1}.

Entalpia: Per valutare l'**entalpia dell'aria secca**, adottando il modello di gas ideale, si considera la variazione di entalpia dell'aria secca tra lo stato considerato alla temperatura T e quello di riferimento:

$$\Delta h_a = c_{pa} \Delta T \Rightarrow h_a = h_{rif} + c_{pa} (T - T_{rif})$$

Lo stato di riferimento comunemente adottato per l'aria secca corrisponde ad una temperatura $T_{rif} = 273.15$ K, per cui: $h_a = \underset{0 \text{ kJ kg}^{-1}}{\cancel{h_{rif}}} + c_{pa}(T - T_{rif})$. Se si considera la temperatura in gradi centigradi $t_{rif} = 0°C$:

$$h_a = c_{pa}\big(t - \underset{0°C}{\cancel{t_{rif}}}\big) = 1.005 \cdot t \qquad \text{kJ kg}^{-1} \tag{6.8}$$

Osservazione: le temperature di riferimento per l'aria secca e per il vapore differiscono tra loro di 0.01°C. Essendo quindi la differenza trascurabile per le applicazioni della psicrometria, si assume che le temperature siano pressoché uguali.

Proprietà dell'aria secca e del vapor d'acqua

Le proprietà principali di aria ed acqua, si possono riassumere come segue:

Componente	$\mathcal{M}$ [kg kmol^{-1}]	R^* [J kg^{-1} K^{-1}]	c_p [kJ kg^{-1} K^{-1}]	r_0 [kJ kg^{-1}]
Aria	28.97	287.0	1.005	-
Acqua: vapore	18.01	461.5	1.854	2501.6
Acqua: liquida			4.186	

Inoltre, si riporta un estratto delle tabelle di saturazione dell'acqua in funzione della temperatura, utile per la risoluzione degli esercizi.

Tabella 6.2: Estratto delle tabelle di saturazione dell'acqua in funzione della temperatura [8].

t_{sat}	p_{vs}	v_{vs}	h_{ls}	h_{vs}
°C	kPa	$m^3\,kg^{-1}$	$kJ\,kg^{-1}$	
5	0.8725	147.03	21.02	2510.1
10	1.2281	106.32	42.022	2519.2
15	1.7057	77.885	62.982	2528.3
20	2.3392	57.762	83.915	2537.4
25	3.1698	43.34	104.83	2546.5
30	4.2469	32.879	125.74	2555.6
35	5.6291	25.205	146.64	2564.6
40	7.3851	19.515	167.53	2573.5
45	9.5953	15.251	188.44	2582.4
50	12.352	12.026	209.34	2591.3

Titolo aria umida

Il titolo dell'aria umida (o umidità assoluta), è la quantità di vapore d'acqua contenuta nell'aria, ovvero il rapporto tra la massa di vapore m_v e la massa di aria secca m_a contenute nella miscela:

$$
\begin{aligned}
x = \frac{m_v}{m_a} &= \\
&= \frac{p_v \cdot V/(R_v^* \, T)}{p_a \cdot V/(R_a^* \, T)} = \\
&= \frac{R_a^*}{R_v^*} \frac{p_v}{p_a} = \frac{287}{461.5} \cdot \frac{p_v}{p_a} = \\
&= 0.622 \cdot \frac{p_v}{p_a}
\end{aligned}
\tag{6.9}
$$

che, messa a sistema con l'Equazione (6.5) diventa:

$$
x = 0.622 \, \frac{p_v}{p_{tot} - p_v}
\tag{6.10}
$$

Osservazione: L'umidità assoluta (o titolo dell'aria umida) si misura in $kg_v\,kg_a^{-1}$ (alternativamente in $g_v\,kg_a^{-1}$) e, anche se presenta lo stesso simbolo usato per il titolo della miscela liquido-vapore delle sostanze pure, ha un significato fisico del tutto differente.

Pressione di saturazione

La pressione di saturazione del vapore è utile per determinare quella condizione in cui l'aria non è più in grado di accogliere ulteriore vapore (condizioni di saturazione). In questa condizione, qualsiasi ulteriore quantità di vapore si aggiunga all'aria, condensa. Quindi, la pressione parziale del vapore in condizioni di incipiente condensazione (saturazione, sulla curva limite superiore), p_{vs}, è la pressione di saturazione, p_s, che è funzione della sola temperatura della miscela:

$$
p_{vs} = p_s(t)
$$

dove t è la temperatura, espressa in °C.

Umidità relativa

L'umidità relativa, φ, è una grandezza particolarmente rilevante nella climatizzazione, poiché il benessere dell'uomo in un ambiente dipende strettamente da questa. E' definita come il rapporto tra la quantità di vapore contenuta nella miscela, m_v, e la quantità massima di vapore che potrebbe esserne contenuta alla stessa temperatura m_{vs} (ovvero in condizioni di saturazione):

$$\varphi = \frac{m_v}{m_{vs}} = \frac{p_v}{p_{vs}} \tag{6.11}$$

che, messa a sistema con l'Equazione (6.10), fornisce:

$$x = 0.622 \, \frac{p_v}{p_{tot} - p_v} = 0.622 \, \frac{\varphi \cdot p_{vs}}{p_{tot} - \varphi \cdot p_{vs}} \tag{6.12}$$

alternativamente:

$$\varphi = \frac{x \, p_{tot}}{(0.622 + x) \, p_{vs}} \tag{6.13}$$

Osservazione: l'umidità relativa varia nell'intervallo $0 \leq \varphi \leq 1$ e, data la dipendenza della pressione di saturazione dalla temperatura, l'umidità relativa può variare anche se rimane costante il suo titolo x.

Entalpia aria umida ed entalpia totale

L'entalpia è una funzione di stato, per cui l'entalpia dell'aria umida, H_{au}, può essere scritta come somma dell'entalpia dell'aria secca, H_a, e del vapore, H_v.

$$H_{au} = H_a + H_v = m_a \cdot h_a + m_v \cdot h_v \tag{6.14}$$

Inoltre, è solito riferirsi alla parte più stabile della miscela, ovvero l'aria secca, indicando questa condizione con il pedice $(1 + x)$:

$$h_{1+x} = \frac{H_{au}}{m_a} = \frac{m_a \cdot h_a + m_v \cdot h_v}{m_a} = h_a + x \cdot h_v \tag{6.15}$$

Considerando l'Equazione (6.8) per l'entalpia specifica dell'aria secca e l'Equazione (6.6) per il vapore d'acqua, l'Equazione (6.15) per l'entalpia della miscela aria secca-vapore d'acqua, riferita alla massa di aria secca, diventa:

$$h_{1+x} = h_a + x \cdot h_v = c_{pa} \cdot t + x \cdot (r_0 + c_{pv} \cdot t) \tag{6.16}$$

che, sostituendo i valori numerici precedentemente introdotti:

$$h_{1+x} = 1.005 \cdot t + x \cdot (2501 + 1.854 \cdot t) \qquad \text{kJ/kg}_\text{a}$$

L'entalpia totale H della miscela è $H_{au} = m_a \cdot h_{1+x}$. Mentre, il flusso di entalpia $G_h = G_a \cdot h_{1+x}$.

Temperatura di rugiada

Si definisce temperatura di rugiada, t_r, la temperatura a cui inizia il processo di condensazione a seguito di un raffreddamento isobaro (temperatura di saturazione alla pressione parziale del vapore)

$$t_r = t_s(p_v)$$

Temperatura a bulbo asciutto (o secco)

La temperatura a bulbo secco t_{ba} è la temperatura misurata in condizioni normali, senza particolari accorgimenti.

Temperatura a bulbo umido

La temperatura a bulbo umido t_{bu} è la temperatura misurata con un termometro avente l'elemento sensibile ricoperto con un tessuto mantenuto umido.

Osservazione: note le temperature a bulbo asciutto e a bulbo umido, lo stato termodinamico della miscela è univocamente determinato.

Volume specifico dell'aria umida

$$V_{tot} = V_a + V_v = m_a \cdot \frac{R_a^* T}{p_{tot}} + m_v \cdot \frac{R_v^* T}{p_{tot}}$$

$$v_{1+x} = \frac{V_{tot}}{m_a} = \frac{R_a^* T}{p_{tot}} + x \cdot \frac{R_v^* T}{p_{tot}} \qquad (6.17)$$

$$v_{1+x} = \frac{T}{p_{tot}} \left(R_a^* + x \cdot R_v^* \right)$$

Miscelamento adiabatico

Supponendo di miscelare due portate di aria umida (1 e 2) alla stessa pressione, in un sistema isolato termicamente, per determinare le condizioni finali (3) si applicano:

1. Conservazione della massa di aria e della massa di vapore

$$\begin{cases} G_{a,3} = G_{a,1} + G_{a,2} \\ G_{v,3} = G_{v,1} + G_{v,2} \Rightarrow G_{a,3} \cdot x_3 = G_{a,1} \cdot x_1 + G_{a,2} \cdot x_2 \end{cases} \qquad (6.18)$$

2. Bilancio di primo principio:

$$G_{a,3} \cdot h_{3,1+x} = G_{a,1} \cdot h_{1,1+x} + G_{a,2} \cdot h_{2,1+x} \qquad (6.19)$$

quindi:

$$x_3 = \frac{G_{a,1}}{G_{a,1} + G_{a,2}} \cdot x_1 + \frac{G_{a,2}}{G_{a,1} + G_{a,2}} \cdot x_2$$

$$h_{3,1+x} = \frac{G_{a,1}}{G_{a,1} + G_{a,2}} \cdot h_{1,1+x} + \frac{G_{a,2}}{G_{a,1} + G_{a,2}} \cdot h_{2,1+x} \qquad (6.20)$$

Umidificazione adiabatica

Si può immaginare un sistema aperto (condotto) in cui entra una miscela di aria umida non satura (1), a cui viene successivamente aggiunta dell'acqua liquida nebulizzata (l), con il risultato che all'uscita del condotto (2) si ha una miscela satura. La massa di aria secca rimane costante, per cui $G_{a,1} = G_{a,2} = G_a$, mentre per la portata di vapore d'acqua si ha:

$$G_a \cdot x_1 + G_l = G_a \cdot x_2 \qquad (6.21)$$

Il bilancio di primo principio, considerando il processo adiabatico è:

$$G_a \cdot h_{1,1+x} + G_l \cdot h_{ls} = G_a \cdot h_{2,1+x}$$

$$\Rightarrow h_{2,1+x} = h_{1,1+x} + \frac{G_l}{G_a} \cdot h_l \approx h_{1,1+x} \qquad (6.22)$$

poiché $h_{1,1+x} \gg h_{ls}$ e $G_a \gg G_l$.

Riscaldamento

Gli elementi che sfruttano questo tipo di trasformazioni sono solitamente costituiti da batterie che riscaldano la miscela. Non viene modificato il contenuto di vapore d'acqua presente nella miscela, per cui sono trasformazioni a titolo costante $x_1 = x_2 = x$. Applicando il primo principio della termodinamica, si ottiene:

$$\begin{cases} \Phi = G_a \cdot (h_{2,1+x} - h_{1,1+x}) = G_a \cdot \Delta h_{1+x} > 0 \\ \Delta h_{1+x} = (c_{pa} + c_{pv} \cdot x) \cdot \Delta t = (c_{pa} + c_{pv} \cdot x)(t_2 - t_1) \end{cases} \tag{6.23}$$

In prima approssimazione $c_{pa} \gg c_{pv} \cdot x \Rightarrow (c_{pa} + c_{pv} \cdot x) \approx c_{pa}$, quindi:

$$t_2 = t_1 + \frac{\Phi}{G_a \cdot c_{pa}} \tag{6.24}$$

Raffreddamento senza deumidificazione

Si applica il primo principio della termodinamica, considerando che il titolo è costante (no deumidificazione): $x_1 = x_2 = x$:

$$\begin{cases} -|\Phi| = G_a \cdot (h_{2,1+x} - h_{1,1+x}) = G_a \cdot \Delta h_{1+x} < 0 \\ \Delta h_{1+x} = (c_{pa} + c_{pv} \cdot x) \cdot \Delta t \end{cases} \tag{6.25}$$

In prima approssimazione $c_{pa} \gg c_{pv} \cdot x \Rightarrow (c_{pa} + c_{pv} \cdot x) \approx c_{pa}$, quindi:

$$t_2 = t_1 - \frac{|\Phi|}{G_a \cdot c_{pa}} \tag{6.26}$$

Raffreddamento con deumidificazione

Conservazione della massa di aria secca e della massa di acqua:

$$\begin{cases} G_{a,1} = G_{a,3} = G_a \\ G_a \cdot x_1 = G_l + G_a \cdot x_3 \end{cases} \tag{6.27}$$

Primo principio della termodinamica:

$$-|\Phi| = G_a \cdot h_{3,1+x} + G_l \cdot h_l - G_a \cdot h_{1,1+x} \approx G_a \cdot (h_{3,1+x} - h_{1,1+x}) \tag{6.28}$$

Da cui:

$$h_{3,1+x} = h_{1,1+x} - \frac{|\Phi|}{G_a}$$

Diagrammi psicrometrici

Osservazione: per individuare lo stato termodinamico della miscela aria secca e vapore d'acqua, sono necessarie 3 coordinate termodinamiche indipendenti (regola delle fasi di Gibbs).

Per le applicazioni comuni, spesso, si fa riferimento a diagrammi nei quali sono rappresentate le principali proprietà dell'aria umida, tracciati per una determinata pressione (nello specifico quella atmosferica). I più comunemente adottati sono:

- il diagramma di Mollier, rappresentato in Figura **a)**;

- il diagramma di Carrier, rappresentato in Figura **b**).

Diagrammi di: **a**) Mollier e **b**) Carrier, tratti da [6] e completamente ridisegnati dagli autori.

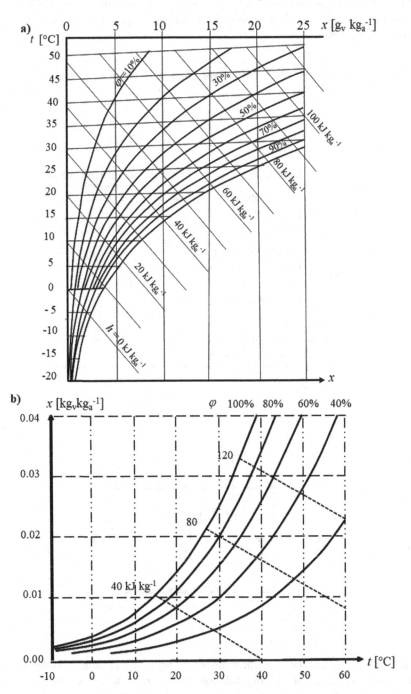

6.1 Calore fornito in batteria scaldante

Una portata di 350 kg h^{-1} di aria[2] a $t_1 = 10°C$, avente titolo pari a $x_1 = 6$ g kg^{-1}, attraversa in condizioni stazionarie una batteria scaldante. Calcolare il flusso termico che deve essere fornito affinché la temperatura di uscita sia $t_2 = 28°C$. Si consideri il calore specifico del vapore a pressione costante $c_{pv} = 1.854$ kJ kg^{-1} K^{-1} ed il calore latente di vaporizzazione $r_0 = 2501.6$ kJ kg^{-1}. Si trascurino in prima approssimazioni le variazioni di energia cinetica e potenziale tra ingresso ed uscita.

** *Soluzione* **

Dati

	Grandezza	Simbolo	Valore	Unità di misura
Aria secca	calore specifico a pressione costante	c_{pa}	1005	J kg^{-1} K^{-1}
	portata	G_a	350	kg h^{-1}
Vapore	calore specifico a pressione costante	c_{pv}	1854	J kg^{-1} K^{-1}
	calore latente di vaporizzazione	r_0	2501.6	kJ kg^{-1}
Aria umida	titolo	x_1	6	g$_v$ kg^{-1}
	temperatura ingresso	t_1	10	°C
	temperatura uscita	t_2	28	°C

Schema

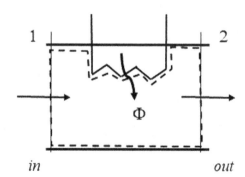

Si considera il sistema costituito dall'aria che attraversa la batteria scaldante, evidenziato nello schema. Si tratta, quindi, di un sistema termodinamico aperto, in condizioni stazionarie, che non scambia lavoro; per cui, ipotizzando nulle le variazioni di energia potenziale e cinetica della corrente fluida tra ingresso ed uscita, si può scrivere:

---

[2] Si ricorda come nelle applicazioni sia consuetudine intendere il termine portata come riferito alla portata di aria secca.

$$\Phi = G \cdot \big(h_2 - h_1\big)$$

L'entalpia dell'aria umida specifica, riferita all'unità di massa di aria secca, è data dall'equazione:

$$h_{1+x} = h_a + x \cdot h_v = c_{pa} \cdot t + x \cdot \big(r_0 + c_{pv} \cdot t\big)$$

Essendo una batteria a secco, in cui non viene aggiunta o sottratta acqua, non si ha una variazione del titolo $x_1 = x_2 = x$, per cui nella sezione di ingresso e quella in uscita si ha rispettivamente:

$$h_{1,1+x} = c_{pa} \cdot t_1 + x \cdot \big(r_0 + c_{pv} \cdot t_1\big) = 1.005 \cdot 10 + 0.006 \cdot (2501.6 + 1.854 \cdot 10) =$$
$$= 25.171 \text{ kJ/kg}$$
$$h_{2,1+x} = c_{pa} \cdot t_2 + x \cdot \big(r_0 + c_{pv} \cdot t_2\big) = 1.005 \cdot 28 + 0.006 \cdot (2501.6 + 1.854 \cdot 28) =$$
$$= 43.461 \text{ kJ/kg}$$

Dovendo calcolare la variazione di entalpia per determinare la potenza termica ceduta dalla batteria all'aria, in realtà, sarebbe stato sufficiente scrivere: $\Delta h_{1+x} = h_{2,1+x} - h_{1,1+x} = \big(c_{pa} + x\, c_{pv}\big)\Delta t$

$$\boxed{\begin{aligned}\Phi &= G_a \cdot \big(h_{2,1+x} - h_{1,1+x}\big) = \\ &= \frac{350}{3600} \cdot \big(43.461 - 25.171\big) = 1.778 \text{ kW}\end{aligned}}$$

Se, invece, si fosse assunto $x\, c_{pv} \ll c_{pa}$ e si fosse, quindi, applicata l'Equazione (6.24), si sarebbe ottenuto il seguente risultato:

$$\Phi = G_a\, c_{pa}\, \Delta t = G_a\, c_{pa}\big(t_2 - t_1\big) =$$
$$= \frac{350}{3600} \cdot 1.005 \cdot (28 - 10) = 1.759 \text{ kW}$$

con una variazione percentuale tra i risultati circa dell'1.1%.

6.2 Miscela e pressione di saturazione

Una miscela di aria umida si trova ad una pressione $p_m = 0.12$ MPa e temperatura $t_m = 29°$C. La temperatura di rugiada è $t_r = 26°$C. Confrontare l'umidità relativa e il titolo ottenuti utilizzando per il calcolo della pressione di saturazione dell'acqua attraverso le due diverse relazioni di seguito riportate:

$$\ln\left(\frac{p_s}{2337}\right) = 6789 \cdot \left(\frac{1}{293.15} - \frac{1}{T}\right) - 5.031 \cdot \ln\left(\frac{T}{293.15}\right)$$
$$\ln(p_s) = -\frac{6.28878 \cdot 10^3}{T} + 21.93268 - 1.77088 \cdot 10^{-2} \cdot T + 0.11085 \cdot 10^{-4} \cdot T^2$$

dove T è la temperatura assoluta, p_s è la pressione di saturazione, nella prima espressione in Pa, nella seconda in bar.

** *Soluzione* **

Dati

	Grandezza	Simbolo	Valore	Unità di misura
	pressione	p_m	0.12	MPa
Aria umida	temperatura	t_m	29	°C
	temperatura di rugiada	t_r	26	°C

Schema

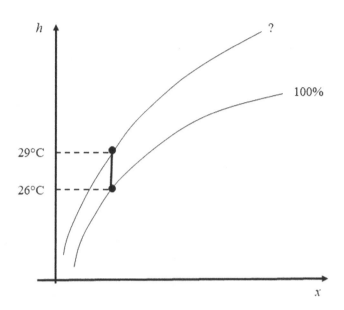

Temperature e pressione

$$T_m = t_m + 273.15 = 29 + 273.15 = 302.15 \text{ K}$$
$$T_r = t_r + 273.15 = 26 + 273.15 = 299.15 \text{ K}$$
$$p_m = 0.12 \text{ MPa} = 1.2 \text{ bar} = 1.2 \cdot 10^5 \text{ Pa}$$

Relazioni

Si nota che entrambe le relazioni possono essere riscritte come segue:

$$p_s = 2337 \cdot \exp\left(6789 \cdot \left(\frac{1}{293.15} - \frac{1}{T}\right) - 5.031 \cdot \ln\left(\frac{T}{293.15}\right)\right)$$
$$p_s = \exp\left(\frac{-6.28878 \cdot 10^3}{T} + 21.93268 - 1.77088 \cdot 10^{-2} \cdot T + 0.11085 \cdot 10^{-4} \cdot T^2\right)$$

(6.29)

e che la pressione di saturazione del vapore sia uguale alla pressione di saturazione alla temperatura della miscela $p_{vs} = p_s(t)$.

La temperatura di rugiada, per definizione, corrisponde alla temperatura di saturazione alla pressione parziale del vapore $t_r = t_s(p_v)$. Le formule fornite dal testo consentono di calcolare la pressione di saturazione ad una data temperatura. Quindi, se si valuta la pressione di saturazione alla temperatura di rugiada $p_{s,r} = p_s(t_r)$ si ha che la pressione parziale del vapore della miscela è $p_v = \varphi_r \cdot p_{s,r} = 1 \cdot p_{s,r}$.

La pressione di saturazione alla temperatura di rugiada, calcolata con le due espressioni precedenti risulta:

$$p_{s,r} = 2337 \cdot \exp\left(6789 \cdot \left(\frac{1}{293.15} - \frac{1}{299.15}\right) - 5.031 \cdot \ln\left(\frac{299.15}{293.15}\right)\right) =$$

$$= 3358.29 \text{ Pa}$$

$$p_{s,r} = \exp\left(\frac{-6.28878 \cdot 10^3}{299.15} + 21.93268 - 1.77088 \cdot 10^{-2} \cdot 299.15+\right.$$

$$\left.+ 0.11085 \cdot 10^{-4} \cdot 299.15^2\right) = 3353.84 \text{ Pa}$$

Nota la pressione di saturazione, è possibile calcolare il titolo della miscela:

$$x = 0.622 \cdot \frac{p_v}{p_{tot} - p_v} = \begin{cases} = 0.622 \cdot \dfrac{3358.29}{0.12 \cdot 10^6 - 3358.29} = 17.91 \text{ g}_v \text{ kg}_a^{-1} \\[3mm] = 0.622 \cdot \dfrac{3353.84}{0.12 \cdot 10^6 - 3353.84} = 17.88 \text{ g}_v \text{ kg}_a^{-1} \end{cases}$$

Considerando le relazioni precedenti è possibile calcolare l'umidità relativa della miscela, valutando la pressione di saturazione del vapore d'acqua alla temperatura della miscela stessa.

$$\varphi_m = \frac{p_v}{p_s(t_m)} = \frac{p_{s,r}}{p_s(29°\text{C})} \tag{6.30}$$

E' necessario, allora, calcolare la pressione di saturazione alla temperatura della miscela attraverso le relazioni fornite dal testo, sostituendo a T la T_m:

$$p_{s,29°\text{C}} = 2337 \cdot \exp\left(6789 \cdot \left(\frac{1}{293.15} - \frac{1}{302.15}\right) - 5.031 \cdot \ln\left(\frac{302.15}{293.15}\right)\right) =$$

$$= 4001.04 \text{ Pa}$$

$$p_{s,29°\text{C}} = \exp\left(\frac{-6.28878 \cdot 10^3}{302.15} + 21.93268 - 1.77088 \cdot 10^{-2} \cdot 302.15+\right.$$

$$\left.+ 0.11085 \cdot 10^{-4} \cdot 302.15^2\right) = 3997.62 \text{ Pa}$$

Quindi:

$$\varphi_m = \frac{p_{s,r}}{p_{s,29°\text{C}}} = \frac{3358.29}{4001.04} = 83.94 \%$$

$$\varphi = \frac{p_{s,r}}{p_{s,29°\text{C}}} = \frac{3353.84}{3997.62} = 83.90 \%$$

Osservazione: Dai risultati ottenuti emerge come, sebbene le due espressioni forniscano valori leggermente differenti della pressione di saturazione, queste possano essere utilizzate indistintamente per il calcolo del titolo e dell'umidità relativa. Si riporta l'andamento della pressione di saturazione in funzione della temperatura, valori calcolati con la seconda espressione fornita dal testo.

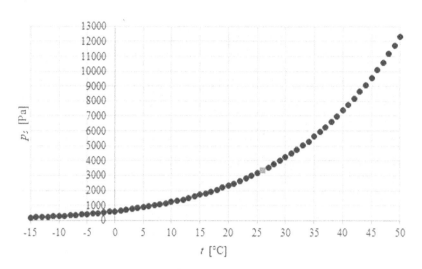

La figura successiva, invece, riporta il rapporto tra i valori di pressione di saturazione ottenuti con la seconda formula fornita dal testo, per lo stesso intervallo di temperature.

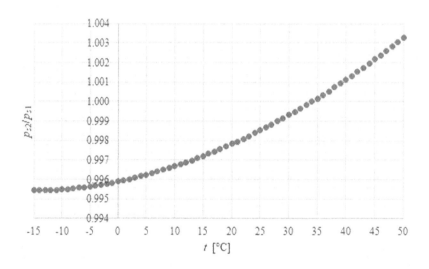

6.3 Miscela d'aria umida, calcolo delle principali grandezze

Per una massa di aria umida, alla temperatura $t = 29°C$, con umidità relativa $\varphi = 75\ \%$ e pressione totale $p = 1$ atm, si calcolino:

- La pressione parziale dell'aria secca;
- La pressione parziale del vapore nella miscela;
- L'umidità specifica della miscela;
- L'entalpia specifica della miscela;
- La temperatura di rugiada;
- Il volume specifico.

Si considerino il calore specifico del vapore a pressione costante $c_{pv} = 1.854 \ \mathrm{kJ \ kg^{-1} \ K^{-1}}$ ed il calore latente di vaporizzazione $r_0 = 2501.6 \ \mathrm{kJ \ kg^{-1}}$.

** *Soluzione* **

Dati

	Grandezza	Simbolo	Valore	Unità di misura
	pressione	p	101325	Pa
Aria umida	temperatura	t	29	°C
	umidità relativa	φ	75	%

Pressione parziale del vapore nella miscela

Dalle tabelle dell'acqua, Tabella 6.2, la pressione di saturazione alla temperatura della miscela $t = 29$°C si ottiene interpolando (tra 25°C) e 30°C: $p_{vs} = 4031$ Pa. Nota l'umidità relativa e la pressione di saturazione, è possibile calcolare la pressione parziale del vapore:

$$p_v = \varphi \cdot p_{vs} = 0.75 \cdot 4031 = 3024 \ \mathrm{Pa}$$

Pressione parziale dell'aria secca nella miscela

La pressione totale è la somma delle pressioni parziali dei due componenti aeriformi:

$$p_a = p_{tot} - p_v = 98301 \ \mathrm{Pa}$$

Titolo dell'aria umida

Dalla definizione di titolo (umidità specifica della miscela), si ottiene:

$$x = 0.622 \cdot \frac{p_v}{p_{tot} - p_v} = 0.01913 \ \mathrm{kg_v \ kg_a^{-1}} = 19.13 \ \mathrm{g_v \ kg_a^{-1}}$$

Temperatura di rugiada

La temperatura di rugiada si otterrà allo stesso titolo della miscela ma con umidità relativa $\varphi = 100$ %, per cui è possibile ricavare la la pressione di saturazione alla temperatura di rugiada $p_{s,r}$ dalla definizione di titolo:

$$p_{s,r} = \frac{x \cdot p_{tot}}{0.622 + x} = 3023.61 \ \mathrm{Pa}$$

Interpolando dalle tabelle dell'acqua, Tabella 6.2, si ottiene la temperatura $t_r = 24.1$°C

Entalpia specifica dell'aria umida

Ricordando come l'entalpia specifica della miscela sia riferita alla massa di aria secca, si ha:

$$h_{1+x} = h_a + x \cdot h_v = c_{pa} \cdot t + x \cdot \left(r_0 + c_{pv} \cdot t \right)$$
$$h_{1+x} = 1.005 \cdot 29 + 0.01913 \cdot \left(2501.6 + 1.854 \cdot 29 \right) = 78.03 \ \mathrm{kJ \ kg^{-1}}_a$$

Volume specifico dell'aria umida

$$v = \frac{(R_a^* + x \cdot R_v^*)T}{p_{tot}} = \frac{(287 + 0.01913 \cdot 461.5) \cdot 302.15}{101325} = 0.882 \ \mathrm{m^3 \ kg^{-1}}$$

Essendo alla pressione atmosferica, si possono verificare i valori calcolati attraverso un diagramma psicrometrico (tratto da [6] e completamente ridisegnato dagli autori).

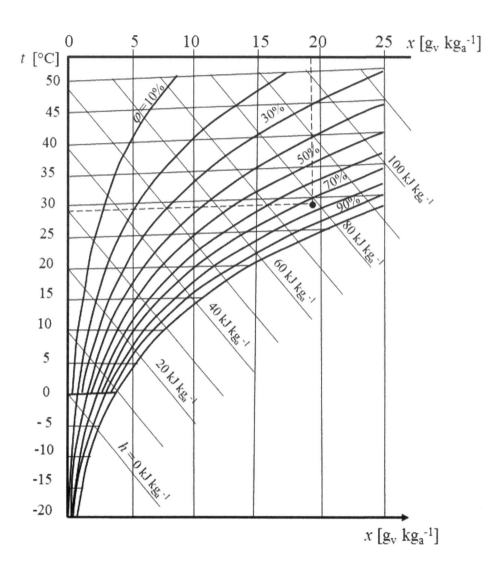

6.4 Miscela d'aria umida, calcolo delle principali grandezze

Osservazione: In questo problema si considera la portata non più riferita all'aria secca bensì al fluido aria secca + vapor d'acqua. Due portate così definite, $G_1 = 15 \ \mathrm{kg \, s^{-1}}$ e $G_2 = 30 \ \mathrm{kg \, s^{-1}}$, rispettivamente alle seguenti condizioni: umidità relativa $\varphi_1 = 50\%$, $\varphi_2 = 25\%$ e temperatura: $t_1 = 29°C$, $t_2 = 15°C$, alla pressione atmosferica, sono miscelate adiabaticamente. Si calcolino:

- L'entalpia della portata ottenuta a seguito del miscelamento;
- La temperatura della miscela;

Si considerino il calore specifico del vapore a pressione costante $c_{pv} = 1.854 \text{ kJ kg}^{-1} \text{ K}^{-1}$ ed il calore latente di vaporizzazione $r_0 = 2501.6 \text{ kJ kg}^{-1}$.

************************************ *Soluzione* ************************************

Dati

	Grandezza	Simbolo	Valore	Unità di misura
	pressione	p	101325	Pa
Portata 1	portata	G_1	15	kg s^{-1}
	umidità relativa	φ_1	50	%
	temperatura	t_1	29	°C
	pressione	p	101325	Pa
Portata 2	portata	G_2	30	kg s^{-1}
	umidità relativa	φ_2	25	%
	temperatura	t_2	15	°C

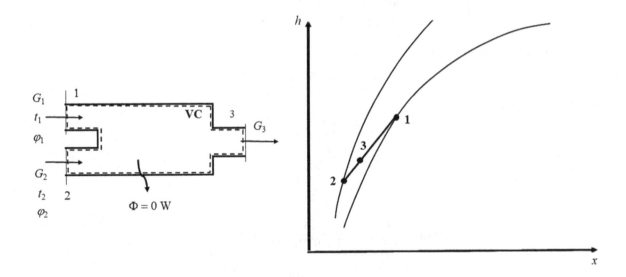

Portata 1

Dalle tabelle dell'acqua, Tabella 6.2, la pressione di saturazione alla temperatura della miscela $t_1 = 29°C$ si ottiene interpolando: $p_{s2} = 4031$ Pa. Nota l'umidità relativa e la pressione di saturazione, è possibile calcolare la pressione parziale del vapore:

$$p_{v1} = \varphi_1 \cdot p_{s1} = 0.50 \cdot 4031 = 2015.74 \text{ Pa}$$

Dalla definizione di titolo (umidità specifica della miscela), si ottiene:

$$x_1 = 0.622 \cdot \frac{p_{v1}}{p_{tot} - p_{v1}} = 0.01263 \; \mathrm{kg}_v \, \mathrm{kg}_a^{-1} = 12.63 \; \mathrm{g}_v \, \mathrm{kg}_a^{-1}$$

$$\begin{aligned}
h_{1,1+x} &= h_{a1} + x_1 \cdot h_{v1} = \\
&= c_{pa} \cdot t_1 + x_1 \cdot \left(r_0 + c_{pv} \cdot t_1 \right) \\
&= 1.005 \cdot 29 + 0.01263 \cdot \left(2501.6 + 1.854 \cdot 29 \right) = \\
&= 61.41 \; \mathrm{kJ\,kg}_a^{-1}
\end{aligned}$$

Portata 2

Analogamente per la seconda portata si ottiene dalle tabelle dell'acqua, Tabella 6.2, la pressione di saturazione alla temperatura della miscela $t_2 = 15°C$: $p_{s2} = 1.7057$ kPa. Nota l'umidità relativa e la pressione di saturazione, è possibile calcolare la pressione parziale del vapore:

$$p_{v2} = \varphi_2 \cdot p_{s2} = 0.25 \cdot 1.7057 \cdot 10^3 = 426.4 \; \mathrm{Pa}$$

$$x_2 = 0.622 \cdot \frac{p_{v2}}{p_{tot} - p_{v2}} = 0.00264 \; \mathrm{kg}_v \, \mathrm{kg}_a^{-1} = 2.64 \; \mathrm{g}_v \, \mathrm{kg}_a^{-1}$$

$$\begin{aligned}
h_{2,1+x} &= h_{a2} + x_2 \cdot h_{v2} = \\
&= c_{pa} \cdot t_2 + x_2 \cdot \left(r_0 + c_{pv} \cdot t_2 \right) \\
&= 1.005 \cdot 15 + \cdot 0.00264 \left(2501.6 + 1.854 \cdot 15 \right) = \\
&= 21.75 \; \mathrm{kJ\,kg}_a^{-1}
\end{aligned}$$

Per la conservazione della massa:

$$G_3 = G_1 + G_2 = 15 + 30 = 45 \; \mathrm{kg\,s}^{-1}$$

Dalla definizione di titolo:

$$\begin{aligned}
x &= \frac{m_v}{m_a} = \frac{G_v}{G_a} = \\
&= \frac{G - G_a}{G_a} \\
\Rightarrow G_a &= \frac{G}{1 + x}
\end{aligned}$$

Per cui:

$$G_{a,1} = \frac{G_1}{1 + x_1} = \frac{15}{1 + 0.01263} = 14.81 \; \mathrm{kg\,s}^{-1}$$

$$G_{a,2} = \frac{G_2}{1 + x_2} = \frac{30}{1 + 0.00263} = 29.92 \; \mathrm{kg\,s}^{-1}$$

Per calcolare l'entalpia specifica in uscita è necessario applicare la conservazione della massa, sia dell'aria sia del vapore e scrivere il bilancio di primo principio:

$$\begin{cases}
G_{a,3} = G_{a,1} + G_{a,2} \\
G_{v,3} = G_{v,1} + G_{v,2} \Rightarrow G_{a,3} \cdot x_3 = G_{a,1} \cdot x_1 + G_{a,2} \cdot x_2 \\
G_{1,a} \cdot h_{1,1+x} + G_{2,a} \cdot h_{2,1+x} = G_{3,a} \cdot h_{3,1+x}
\end{cases}$$

da cui:

$$\begin{cases} G_{a,3} = G_{a,1} + G_{a,2} = 44.73 \text{ kg s}^{-1} \\[2mm] x_3 = \dfrac{G_{a,1} \cdot x_1 + G_{a,2} \cdot x_2}{G_{a,3}} = 0.00595 \text{ kg}_v \text{ kg}_a \\[2mm] h_{3,1+x} = \dfrac{G_{1,a} \cdot h_{1,1+x} + G_{2,a} \cdot h_{2,1+x}}{G_{3,a}} = 34.88 \text{ kJ kg}^{-1}{}_a \cdot \end{cases}$$

Quindi:

$$\boxed{\begin{aligned} h_{3,1+x} &= h_{a,3} + x_3 \cdot h_{v,3} = c_{pa} \cdot t_3 + x_3 \cdot \left(r_0 + c_{pv} \cdot t_3\right) \\ &\Rightarrow t_3 = \frac{h_{3,1+x} - 2501.6 \cdot x_3}{1.005 + 1.854 \cdot x_3} = 19.7 \text{ °C} \end{aligned}}$$

6.5 Misure di temperatura attraverso uno psicrometro

Dalla lettura effettuata da uno psicrometro, a pressione atmosferica, si ottengono rispettivamente una temperatura di bulbo asciutto $t_{ba} = 31.0°C$ ed una temperatura di bulbo bagnato $t_{bu} = 28.2°C$. Valutare l'umidità relativa.

************************************* *Soluzione* *************************************

Dati

	Grandezza	Simbolo	Valore	Unità di misura
Temperature	temperatura di bulbo asciutto	t_{ba}	31.0	°C
	temperatura di bulbo umido	t_{bu}	28.2	°C

Processo di saturazione adiabatica

Uno strumento utile per misurare la temperatura di bulbo umido (o prossima a questa) è lo psicrometro che può funzionare con un processo analogo a quello della saturazione adiabatica. Quindi, si può modellizzare come se avesse una portata di aria umida in ingresso insatura che, messa a contatto con dell'acqua, raggiunge le condizioni di saturazione (umidità relativa $\varphi_2 = 100 \%$).

Scrivendo il bilancio in massa dell'aria secca e del vapor d'acqua si ha:

$$\begin{cases} G_{a,1} = G_{a,2} = G_a \\ G_a \cdot x_1 + G_l = G_a \cdot x_2 \Rightarrow G_l = G_a \left(x_2 - x_1\right) \end{cases}$$

Mentre, il bilancio di primo principio:

$$G_a \cdot h_{1,1+x} + G_l \cdot h_{2,l} = G_a \cdot h_{2,1+x}$$

$$G_a \cdot h_{1,1+x} + G_a \left(x_2 - x_1 \right) \cdot h_{2,l} = G_a \cdot h_{2,1+x}$$

$$h_{1,1+x} + \left(x_2 - x_1 \right) \cdot h_{2,l} = h_{2,1+x}$$

$$c_{pa} \cdot t_{ba} + x_1 \cdot h_{v,1} + \left(x_2 - x_1 \right) \cdot h_{2,l} = c_{pa} \cdot t_{bu} + x_2 \cdot h_{v,2}$$

$$c_{pa} \cdot \left(t_{bu} - t_{ba} \right) = x_1 \cdot \left(h_{v,1} - h_{2,l} \right) + x_2 \cdot \left(h_{2,l} - h_{v,2} \right)$$

$$\begin{cases} x_1 = \dfrac{c_{pa} \cdot \left(t_{bu} - t_{ba} \right) - x_2 \cdot \left(h_{2,l} - h_{v,2} \right)}{\left(h_{v,1} - h_{2,l} \right)} \\[4mm] x_2 = 0.622 \cdot \dfrac{p_{v2}}{p_{tot} - p_{v2}} = 0.622 \cdot \dfrac{\varphi_2 \, p_{vs2}}{p_{tot} - \varphi_2 \, p_{vs2}} = 0.622 \cdot \dfrac{1 \cdot p_{vs2}}{p_{tot} - 1 \cdot p_{vs2}} \end{cases}$$

La pressione di saturazione alla temperatura di bulbo asciutto, si può ottenere dalle tabelle di saturazione, Tabella 6.2: $p_{vs1} = 4.523$ kPa. Analogamente la tensione di vapore alla temperatura di bulbo umido: $p_{vs2} = 3.644$ kPa. Sempre dalle tabelle di saturazione, per interpolazione, è possibile ottenere: $h_{1,v} = 2427.42$ kJ kg^{-1}, $h_{2,l} = 118.21$ kJ kg^{-1}, $h_{2,v} = 2471.81$ kJ kg^{-1}.

Quindi:

$$\begin{cases} x_2 = 0.622 \cdot \dfrac{3.644 \cdot 10^3}{101325 - 3.644 \cdot 10^3} = 0.02463 \ \text{kg}_v \, \text{kg}_a^{-1} \\[4mm] x_1 = \dfrac{1.005 \cdot \left(28.2 - 31 \right) - x_2 \cdot \left(118.21 - 2471.81 \right)}{\left(2427.42 - 118.21 \right)} = 0.02388 \ \text{kg}_v \, \text{kg}_a^{-1} \end{cases}$$

Ricavando φ_1 dall'equazione che mette in relazione titolo e umidità relativa in 1:

$$\boxed{\begin{aligned} \varphi_1 &= \frac{x_1 \cdot p_{tot}}{\left(0.622 + x_1 \right) \cdot p_{vs1}} = \\ &= \frac{0.02388 \cdot 101325}{\left(0.622 + 0.02388 \right) \cdot 4523} = 82.83 \ \% \end{aligned}}$$

6.6 Riscaldamento con saturazione adiabatica

Si vuole riscaldare una portata di aria pari a 9800 m^3 h^{-1}, che nello stato iniziale si trova ad una temperatura di $-9°$C e all'umidità relativa $\varphi_1 = 80\%$, fino a raggiungere una temperatura $t_2 = 19°$C, per poi saturarla adiabaticamente. Supponendo che l'aria umida in esame sia alla pressione atmosferica, e che la pressione di saturazione a $t_1 = -9°$C sia 309.1 Pa. Si valutino:

- La potenza termica fornita;
- La portata di acqua di umidificazione;
- La temperatura di uscita, t_3.

Si considerino il calore specifico del vapore a pressione costante $c_{pv} = 1.854$ kJ kg^{-1} K^{-1} ed il calore latente di vaporizzazione $r_0 = 2501.6$ kJ kg^{-1}.

******************************** *Soluzione* ********************************

Dati

	Grandezza	Simbolo	Valore	Unità di misura
Aria umida	portata volumica	$G_{vol,1}$	9800	$m^3\,h^{-1}$
	pressione	p_{tot}	101325	Pa
1	temperatura	t_1	-9	°C
	umidità relativa	φ_1	80	%
	pressione di saturazione	p_{vs1}	309.1	Pa
2	temperatura	t_2	19	°C
3	umidità relativa	φ_3	100	%

Schema

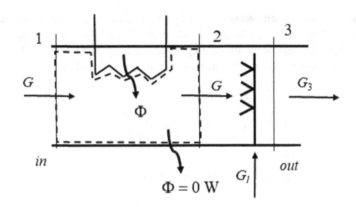

Grandezze in 1

$$p_{v1} = \varphi_1 \cdot p_{vs1} = 0.80 \cdot 309.1 = 247.3 \text{ Pa}$$

$$p_{a1} = p_{tot} - p_{v1} = 101077.7 \text{ Pa}$$

Dalla definizione di titolo (umidità specifica della miscela), si ottiene:

$$x_1 = 0.622 \cdot \frac{p_{v1}}{p_{tot} - p_{v1}} = 0.00152 \text{ kg}_v\,\text{kg}_a^{-1} = 1.52 \text{ g}_v\,\text{kg}_a^{-1}$$

$$G_a = \rho_{a1} \cdot G_{vol,1} = \frac{p_{a1}}{R_a^* T_1} \cdot G_{vol,1} = 3.63 \text{ kg}\,\text{s}^{-1}$$

Mentre, l'entalpia specifica, riferita alla massa d'aria è:

$$h_{1,1+x} = h_a + x_1 \cdot h_v = c_{pa} \cdot t_1 + x_1 \cdot (r_0 + c_{pv} \cdot t_1)$$

$$h_{1,1+x} = 1.005 \cdot (-9) + 0.00152 \cdot (2501.6 + 1.854 \cdot (-9)) = -5.22 \text{ kJ}\,\text{kg}^{-1}_a$$

Grandezze in 2

Da 1 a 2 avviene un riscaldamento semplice, per cui il titolo $x_2 = x_1 = 0.00154 \text{ kg}_v\,\text{kg}_a^{-1} = 1.54 \text{ g}_v\,\text{kg}_a^{-1}$.

$$h_{2,1+x} = h_a + x_1 \cdot h_v = c_{pa} \cdot t_2 + x_1 \cdot (r_0 + c_{pv} \cdot t_2)$$

$$h_{2,1+x} = 1.005 \cdot (19) + 0.00152 \cdot (2501.6 + 1.854 \cdot (19)) = 22.97 \text{ kJ}\,\text{kg}^{-1}_a$$

Potenza fornita nel riscaldamento

Applicando il primo principio della termodinamica al volume di controllo tratteggiato nello schema, si valuta la potenza termica fornita nel processo di riscaldamento:

$$\boxed{\begin{aligned} \Phi_{12} &= G_a \cdot \left(h_{2,1+x} - h_{1,1+x}\right) = \\ &= 3.63 \cdot \left(22.97 - (-5.22)\right) = 102.52 \text{ kW} \end{aligned}}$$

Grandezze in 3 - uscita post saturazione adiabatica

Per definire le grandezze principali in 3, si può procedere:

- Attraverso formule analitiche;
- Attraverso la lettura diretta nel diagramma psicrometrico;

Procedimento attraverso formule analitiche con approccio numerico

E' possibile, con l'ausilio di un foglio di calcolo, procedere alla definizione della pressione di saturazione, attraverso l'Equazione analitica (6.29), valida nell'intervallo di temperature $(-15 \leq t\,[°C] \leq 50)$, descrivente l'andamento della pressione di saturazione in funzione della temperatura della miscela e, calcolare l'entalpia specifica in 3, attraverso l'equazione:

$$\begin{aligned} h_{3,1+x} &= c_{pa} \cdot t_3 + x_3 \cdot \left(r_0 + c_{pv} \cdot t_3\right) = \\ &= c_{pa} \cdot t_3 + 0.622 \cdot \frac{\varphi_3\, p_{vs}(t_3)}{p_{tot} - \varphi_3\, p_{vs}(t_3)} \cdot \left(r_0 + c_{pv} \cdot t_3\right) \\ &\approx h_{2,1+x} \end{aligned} \qquad (6.31)$$

Considerando che $\varphi_3 = 100\,\%$, si ottengono i valori riportati nella tabella.

t [°C]	p_s [Pa]	$h_{3,1+x}$ Equazione (6.31) [kJ kg^{-1}]
0	609.31	9.41
1	655.02	11.14
2	703.75	12.91
3	755.66	14.73
4	869.75	18.55
6	932.32	20.55
7	**998.82**	**22.61**
8	**1069.49**	**24.74**

Confrontando i valori calcolati di $h_{3,1+x}$ con quello noto $h_{3,1+x} = h_{2,1+x} = 23.00$ kJ kg$^{-1}_a$ si verifica come questo valore sia intermedio tra quelli di entalpia alle righe evidenziate in grassetto. Interpolando tra questi valori, quindi, è possibile ottenere: $t_3 = 7.2°C$ e $p_{vs3} = 1010.9$ Pa e, quindi:

$$x_3 = 0.622 \cdot \frac{1 \cdot p_{vs3}}{p_{tot} - 1 \cdot p_{vs3}} = 0.006268 \text{ kg}_v \text{ kg}_a^{-1} = 6.27 \text{ g}_v \text{ kg}_a^{-1}$$

Procedimento attraverso diagramma psicrometrico (tratto da [6] e completamente ridisegnato dagli autori) - lettura da grafico

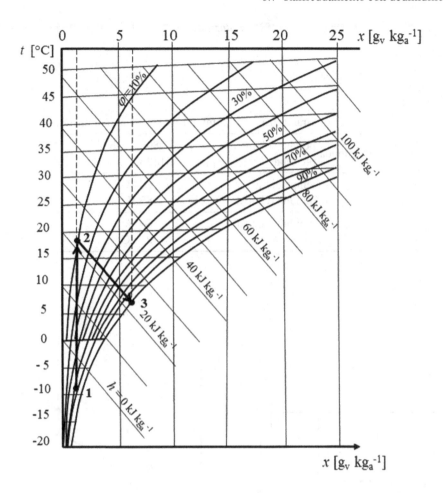

Portata di acqua di umidificazione

La portata di acqua di umidificazione è data da:

$$G_l = G_a \cdot (x_3 - x_2) = 0.0172 \text{ kg s}^{-1} = 61.92 \text{ kg h}^{-1}$$

6.7 Raffreddamento con deumidificazione e post-riscaldamento

Si vuole effettuare un raffreddamento con deumidificazione di una portata volumetrica $G_{v1} = 9800 \text{ m}^3 \text{ h}^{-1}$ di aria, che inizialmente si trova a $t_1 = 26°\text{C}$ e $\varphi_1 = 85 \%$. L'aria, dopo il raffreddamento con deumidificazione, viene post-riscaldata, fino al raggiungimento delle seguenti condizioni: $t_3 = 21°\text{C}$ e $\varphi_3 = 50 \%$. Supponendo che l'aria umida in esame sia alla pressione atmosferica, si calcolino:

- La potenza termica frigorifera necessaria per effettuare il raffreddamento con deumidificazione;
- La temperatura a fine deumidificazione;
- La portata di acqua condensata;
- La potenza termica fornita all'aria nel post-riscaldamento.

Si considerino il calore specifico del vapore a pressione costante $c_{pv} = 1.854 \text{ kJ kg}^{-1} \text{ K}^{-1}$ ed il calore latente di vaporizzazione $r_0 = 2501.6 \text{ kJ kg}^{-1}$.

*********************************** *Soluzione* ***********************************

Dati

	Grandezza	Simbolo	Valore	Unità di misura
Aria umida	portata volumica	$G_{vol,1}$	9800	$\mathrm{m^3\,h^{-1}}$
	pressione	p_{tot}	101325	Pa
1	temperatura	t_1	26	°C
	umidità relativa	φ_1	85	%
3	umidità relativa	φ_3	50	%
	temperatura	t_3	21	°C

Schema

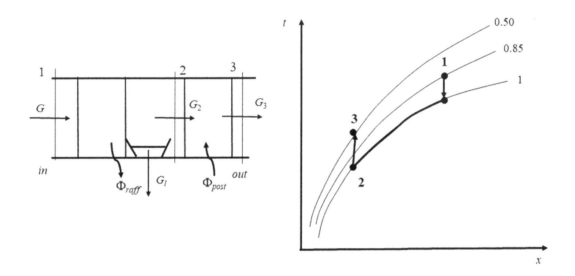

Grandezze direttamente calcolabili

Dalle tabelle del vapor d'acqua saturo, Tabella 6.2: a $t_1 = 26°\mathrm{C}$, $p_{vs1} = 3385$ Pa; a $t_3 = 21°\mathrm{C}$, $p_{vs3} = 2505$ Pa.
Le pressioni parziali di aria secca e del vapor d'acqua sono rispettivamente:

$$p_{v1} = \varphi_1 \cdot p_{vs1} = 0.85 \cdot 3385 = 2877 \text{ Pa}$$

$$p_{a1} = p_{tot} - p_{v1} = 98448 \text{ Pa}$$

$$p_{v3} = \varphi_1 \cdot p_{vs3} = 0.50 \cdot 2505 = 1253 \text{ Pa}$$

$$p_{a3} = p_{tot} - p_{v3} = 100072 \text{ Pa}$$

Dalla definizione di titolo (umidità specifica della miscela), si ottiene:

$$x_1 = 0.622 \cdot \frac{p_{v1}}{p_{tot} - p_{v1}} = 0.01818 \ kg_v \ kg_a^{-1} = 18.18 \ g_v \ kg_a^{-1}$$

$$x_3 = x_2 = 0.622 \cdot \frac{p_{v3}}{p_{tot} - p_{v3}} = 0.00779 \ kg_v \ kg_a^{-1} = 7.79 \ g_v \ kg_a^{-1}$$

E, per le entalpie specifiche riferite alla massa d'aria secca:

$$h_{1,1+x} = h_{a,1} + x_1 \cdot h_{v,1} = c_{pa} \cdot t_1 + x_1 \cdot (r_0 + c_{pv} \cdot t_1) = 72.50 \ kJ \ kg^{-1}{}_a$$

$$h_{2,1+x} = h_{a,2} + x_3 \cdot h_{v,2} = c_{pa} \cdot t_2 + x_3 \cdot (r_0 + c_{pv} \cdot t_2) = 30.42 \ kJ \ kg^{-1}{}_a$$

$$h_{3,1+x} = h_{a,3} + x_3 \cdot h_{v,3} = c_{pa} \cdot t_3 + x_3 \cdot (r_0 + c_{pv} \cdot t_3) = 40.89 \ kJ \ kg^{-1}{}_a$$

Dalla definizione di titolo, nello stato 2, è possibile ricavare la pressione di saturazione del vapore, considerando che $\varphi_2 = 1$:

$$x_3 = x_2 = 0.622 \cdot \frac{p_{vs2}}{p_{tot} - p_{vs2}} = 0.00779 \ kg_v \ kg_a^{-1}$$

$$\Rightarrow p_{vs2} = 1284 \ Pa$$

Interpolando in Tabella 6.2, si ottiene $t_2 \cong 10.6°C$. E' necessario, inoltre, calcolare la portata di aria secca:

$$G_{a1} = G_a = \rho_{a1} \cdot \frac{G_{vol,1}}{1 + x_1} = \frac{p_{a1}}{T_1 \ R_a^*} \cdot G_{vol,1} = 3.12 \ kg \ m^{-3}$$

Potenza frigorifera per raffreddamento con deumidificazione

La potenza frigorifera necessaria al raffreddamento con deumidificazione è:

$$\boxed{\begin{aligned} \Phi_{12} = G_a \cdot (h_{2,1+x} - h_{1,1+x}) = \\ = 3.12 \cdot (30.42 - 72.50)) = -143.23 \ kW \end{aligned}}$$

Portata di acqua condensata

$$\boxed{G_l = G_a \cdot (x_1 - x_2) = 0.0324 \ kg \ s^{-1} = 116.6 \ kg \ h^{-1}}$$

Potenza del post-riscaldamento

$$\boxed{\begin{aligned} \Phi_{post} = G_a \cdot (h_{3,1+x} - h_{2,1+x}) = \\ = 3.12 \cdot (40.90 - 30.42)) = 44.59 \ kW \end{aligned}}$$

Diagramma tratto da [6] e completamente ridisegnato dagli autori

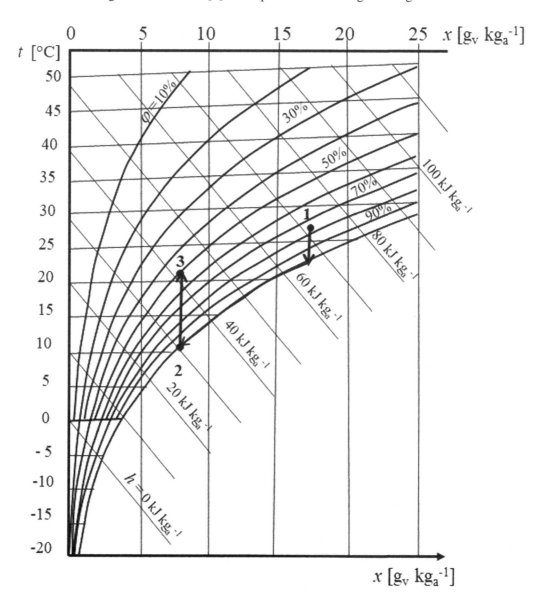

Riferimenti bibliografici

1. Calí, M., Gregorio, P.: Termodinamica. Società Editrice Esculapio, Bologna (1996)
2. Calí, M., Torchio, M.F.: Elementi di Termodinamica Tecnica. CLUT, Torino (2019)
3. Torchio, M.F., Borchiellini, R., Calí, M.: Note per Le Lezioni di Termodinamica Applicata. Politeko, Torino (2003)
4. Kirillin, V.A., Syčev, V.V., Šejndlin, A.E.: Termodinamica Tecnica. Editori Riuniti, Roma (1980)
5. Çengel, Y.A., Boles, M.A., Kanoglu, M.: Thermodynamics - An Engineering Approach 9th Edition. McGraw-Hill Education, New York (2019)
6. Cavallini, A., Mattarolo, L.: Termodinamica Applicata. Cleup Editore, Padova (1988)
7. Vega, P., Gracia-Fadrique, J.: Van der waals, más que una ecuación cúbica de estado. Educación Química **61**, 187–194 (2015)
8. Çengel, Y.A.: Termodinamica e Trasmissione del Calore - Elementi di Acustica e Illuminotecnica. McGraw-Hill Education, New York (2013)
9. Brunello, P.: Lezioni di Fisica Tecnica. Edises, Napoli (2017)
10. Cesini, G., Latini, G., Polonara, F.: Lezioni di Fisica Tecnica. CittàStudi, Novara (2021)
11. Moran, M.J., Shapiro, H.N., Boettner, D.D., Bailey, M.B.: Principles of Engineering Thermodynamics, 9th Edition. John Wiley & Sons, Hoboken (2018)

© Springer-Verlag Italia 2022
R. Borchiellini et al., *Esercizi di Termodinamica Applicata*,
https://doi.org/10.1007/978-88-470-4016-8

Printed in the United States
by Baker & Taylor Publisher Services